中國博物學評論

第4期

刘华杰 主编

创于1897
商務印書館
The Commercial Press

图书在版编目（CIP）数据

中国博物学评论. 第4期 / 刘华杰主编. —北京：商务印书馆，2019
ISBN 978-7-100-17870-9

Ⅰ. ①中… Ⅱ. ①刘… Ⅲ. ①博物学—中国—文集
Ⅳ. ① N912-53

中国版本图书馆CIP数据核字（2019）第202548号

中国博物学评论
（第4期）
刘华杰 主编

商 务 印 书 馆 出 版
（北京王府井大街36号 邮政编码100710）
商 务 印 书 馆 发 行
北京新华印刷有限公司印刷
ISBN 978-7-100-17870-9

2019年10月第1版 开本 787×1092 1/16
2019年10月北京第1次印刷 印张 13½

定价：55.00元

目　录

纵横

二阶研究

自然探究

图书与人物

生活世界

纵横

中国丰富、复杂的精彩植物区系

王文采

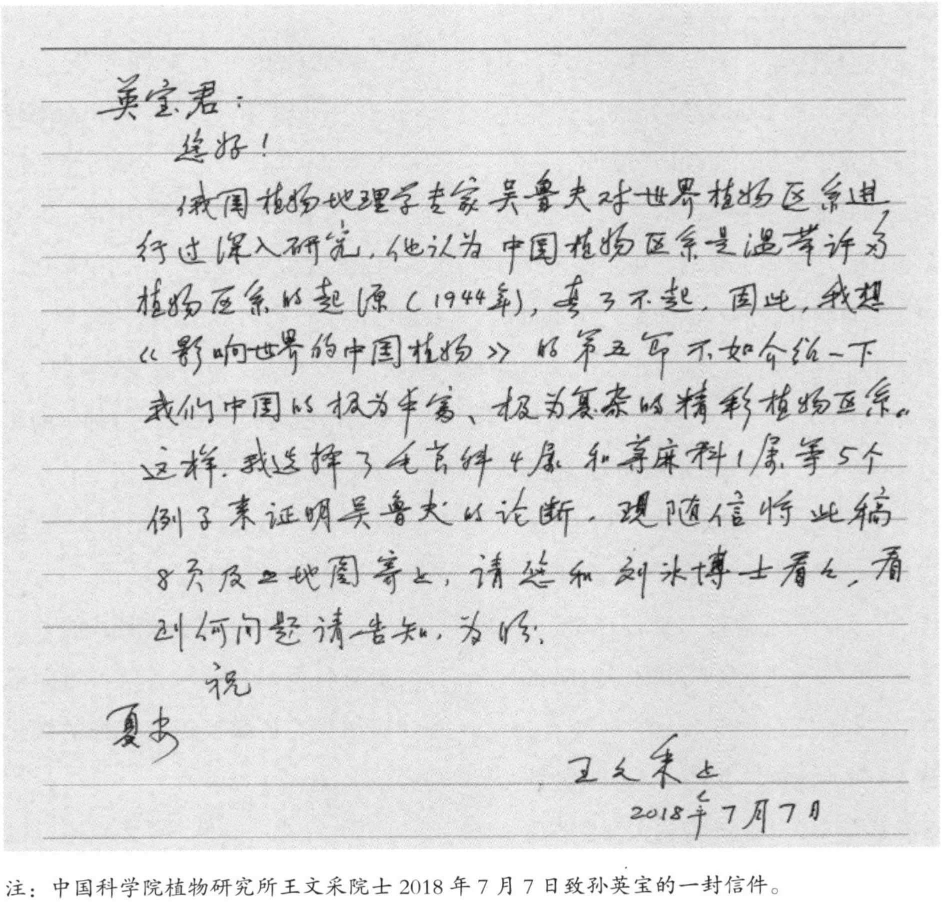
英宝君：

您好！

俄国植物地理学专家吴鲁夫对世界植物区系进行过深入研究，他认为中国植物区系是温带许多植物区系的起源（1944年），真了不起。因此，我想《影响世界的中国植物》的第五节不如介绍一下我们中国的极为丰富、极为复杂的精彩植物区系。这样，我选择了毛茛科4属和蔷薇科1属等5个例子来证明吴鲁夫的论断。现随信将此稿8页及二地图寄上，请您和刘冰博士看看，看到何问题请告知，为盼。

祝

夏安

王文采上

2018年7月7日

注：中国科学院植物研究所王文采院士2018年7月7日致孙英宝的一封信件。

数年前傅德志教授以其高超的电脑技术统计出世界上有30余万种维管植物，于2010年编写出版了包括50卷的巨著《世界维管植物（种志初编）》，并根据统计得出中国维管植物总计有35 248种，超过巴西、美国、印度等国，位居世界第一。

在数量上第一，在质量上又如何？

俄国植物地理学家吴鲁夫（E. B., Вульв）在1944年编写出版了植物地理学名著《历史植物地理》，他参考了世界植物种、属专著、古植物学、地质学等有关大量著作，对世界植物区系进行了深入研究，提出许多精辟论断。对中国植物区系，他指出：中国植物区系不仅是东亚其他各植物区系的基础，同时也是温带许多植物区系的起源。根据我对中国毛茛科和荨麻科的研究，我赞同吴鲁夫的上述论断，下面举出5个属加以说明。

（1）翠雀花属 *Delphinium* 是毛茛科6大属之一，约有340种（17种为二或一年生草本，其他均为多年生草本），分布于北温带（亚洲、欧洲、北美洲），少数进化种产非洲（Malyutin，1987；Tamura，1995）。在我国有210种（1种为二或一年生草本，其他均为多年生草本），广布我国大陆各省区。此属的特征：花左右对称；萼片5：上萼片1，有距，侧萼片2，下萼片2；花瓣2，无柄，有伸入萼距中的距，在距下部有蜜腺；在每一侧萼片与雄蕊之间有一退化雄蕊；心皮3–5，受精后形成蓇葖果。此属的原始群短距翠雀花组 Sect. *Aconitoides* 有20种。主要分布于云南北部、四川西部和西藏东南部，只1种（毛翠雀花 *D. trichophorum*）由四川西部分布到青海东部和甘肃西南部（地图1）。此组的特征：退化雄蕊瓣片黑色或褐色，在基部之上无一丛髯毛。

此组的原始种是短距翠雀花 *D. forrestii*，分布于云南北部、四川西南和西藏东南部（地图1），其形态特征值得注意：叶掌状分裂稍超过中部，一回裂片互相邻接，浅裂；萼距比萼片短，呈细圆锥形；退化雄蕊的瓣片较小，比条形爪稍宽，无毛，全缘或顶瓣微凹（在采自中甸哈巴山的本种的一号标本的花中，发现了一个长7毫米、呈匙状狭条形的退化雄蕊）；种子四面体形，表面光滑，只沿纵棱有狭翅。

将上述形态特征与此属其他种植物的形态特征进行比较，就可看到翠雀花属植物一些重要形态特征的演化趋势：

（A）习性（或根）：多年生→二年生或一年生。

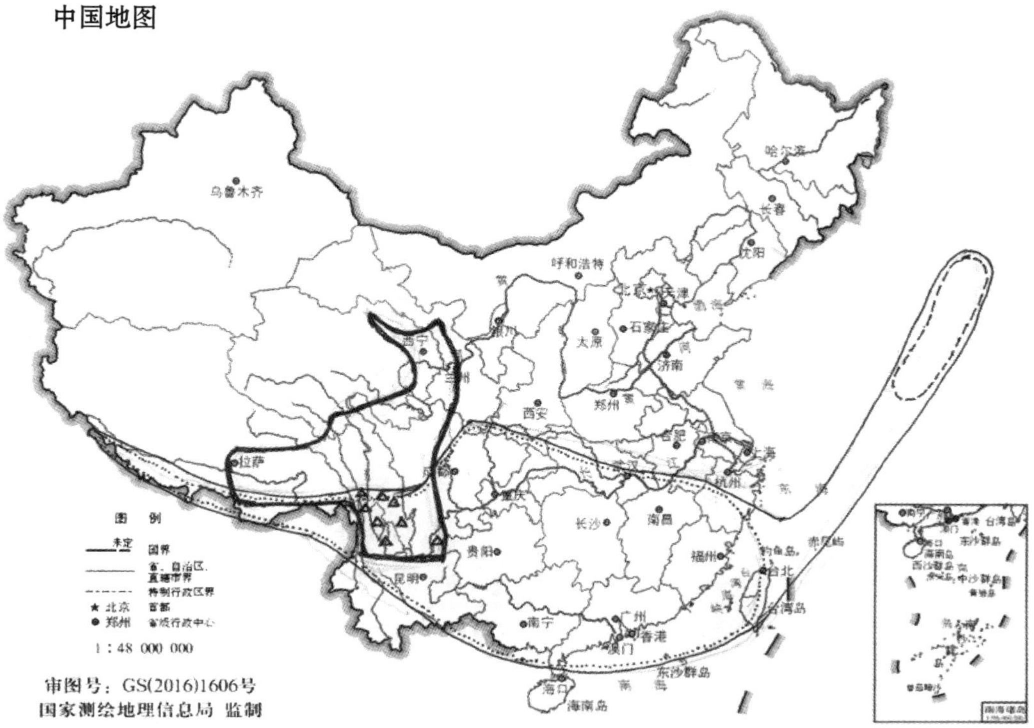

地图 1 ▬▬ *Delphinium* sect. *Aconitoides* △ *Delphinium forrestii*
—— *Dichocarpum* ······ Sect. *Dichocarpum* - - - - Sect. *Hutchinsonia*

（B）叶的分裂方式：掌状浅裂→掌状深裂→掌状全裂，全裂片浅裂→掌状全裂，全裂片细裂→羽状分裂。

（C）萼距：比萼片短，呈细尾形或细圆锥状（1，2）→与萼片近等长，呈细筒形或钻形（3）→比萼片长，直或稍向下弯曲（4）→比萼片长，"U"字形或螺旋状弯曲（5）。

1. 短尾翠雀花 *D. brachyurum*　2. 短距翠雀花 *D. forrestii*　3. 宝兴翠雀花 *D. smithianum*　4. 云南翠雀花 *D. yunnanense*　5. 拟川西翠雀花 *D. pseudotongolens*

（D）退化雄蕊

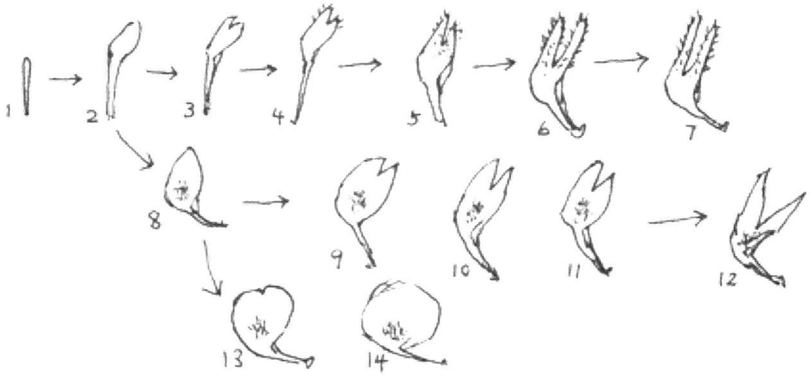

1–7 是短距翠雀花组 Sect. *Aconitoides* 退化雄蕊的演化趋势：1–2 是短距翠雀花 *D. forrestii* 的退化雄蕊，1 长 7 毫米，2 长 11 毫米，分化成小的无毛、不分裂的瓣片和较长的爪；3 是毛翠雀花 *D. trichophorum* 的退化雄蕊，与短距翠雀花的相似，但顶端明显 2 浅裂；4 是长苞翠雀花 *D. longibracteolatum* 的退化雄蕊，瓣片变宽，顶端 2 浅裂并出现缘毛；5 是狭序翠雀花 *D. wrightii* 的退化雄蕊，瓣片更宽，并在腹面上部出现少数短毛；6 是朗县翠雀花 *D. langxianense*，瓣片 2 裂达中部，腹面上部有少数毛；7 是二郎山翠雀花 *D. erlangshanicum* 的退化雄蕊，瓣片 2 裂超过中部，腹面上部有少数短毛。

8–14 是短距翠雀花组以外约 300 种多年生草本植物退化雄蕊的演化趋势，这些种的退化雄蕊瓣片在腹面基部之上均有一丛黄色或白色的髯毛，此外，瓣片均多倍宽于爪；演化趋势有两个方向，一个是由卵形、不分裂的瓣片（8. 仲巴翠雀花 *D. chungbaense*）演化到卵形、宽卵形或近长形、顶端 2 浅裂的瓣片（9. 密花翠雀花 *D. densiflorum*，10. 囊距翠雀花 *D. brunonianum*，11. 滇川翠雀花 *D. delavayi* 以及上述 300 种的多数种均具此种形态的退化雄蕊）和顶端 2 深裂的退化雄蕊（12. 川黔翠雀花 *D. bonvalotii*）；另一个方向是由卵形、不分裂的瓣片演化到宽倒卵形、顶端微凹的瓣片（13. 密叶翠雀花 *D. kingianum*）或近圆形、不分裂的瓣片（14. 翠雀花 *D. grandiflorum*）。

（E）花瓣和退化雄蕊的颜色：黑色或褐色→蓝色、紫色或黄色。

（F）种子：四面体形，沿棱有狭翅→倒卵形，有鳞状横翅→近球形，有横膜翅。（王文采，1962；1979）

（2）毛茛科的人字果属 *Dichocarpum* 与天葵属 *Semiaquilegia* 和蓝堇草属

Leptopyrum 近缘，区别在于人字果属的花具 2 枚基部合生的心皮，染色体基数为 6，而后二属的花具 3 或 10 余枚离生的心皮，染色体基数为 7。此属有 17 种，其中 9 种为四倍体，花托在果期时不明显增粗，组成此属的原始群人字果组 Sect. *Dichocarpum*，分布于我国秦岭以南各省、区和喜马拉雅山区（地图 1）；另 8 种为六倍体，花托与果强烈增大，呈宽圆锥状，组成此属的进化群日本人字果组 Sect. *Hutchinsonia*，产日本。（傅德志，1988）日本人字果组当由人字果组演化而来。

（3）铁线莲属 *Clematis* 是毛茛科 6 大属中的又一个属，有 350 余种，广布世界各大洲。我国有约 150 种，广布全国各省、区。此属特征：叶对生；花两性或单性，有一层花被，即萼片，无花瓣；心皮有 1 胚珠，受精后形成瘦果，花柱宿存，通常伸长呈羽毛状。此属一些重要形态特征的演化趋势：

（A）花：两性→单性。

（B）萼片：水平开展→斜上方开展→向上直展。

（C）雄蕊：

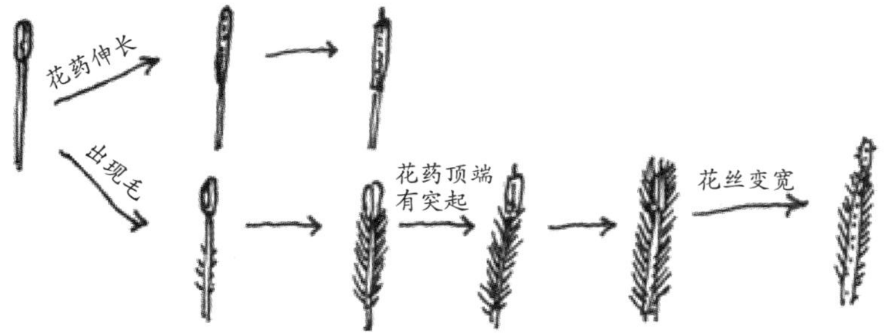

（D）瘦果：

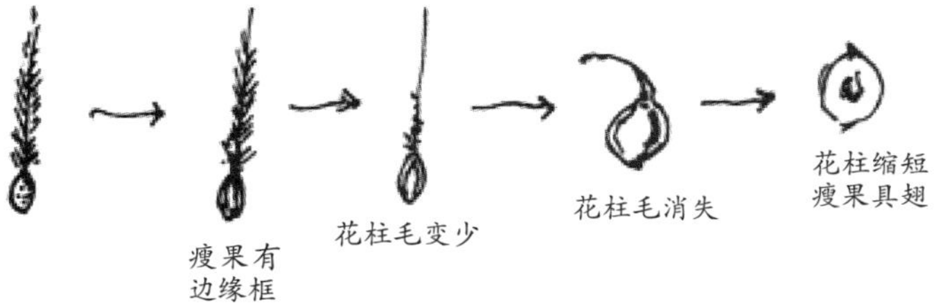

根据上述演化趋势可见绣球藤（*Clematis montana*）群的花两性，萼片水平开展，雄蕊无毛，花丝狭条形，花药长圆形，顶端无突起，瘦果无边缘框，花柱羽毛状，是铁线莲属的原始群，此群约有14种，分布于我国秦岭以南各省、区和喜马拉雅山区。地图2中绘出了此群与代表种：1. 绣球藤 *Clematis montana* 分布于云南、广西西部、贵州、湖南、江西、福建西北、台湾、安徽南部、湖北西部、河南西部、陕西和甘肃南部、青海东部、四川和西藏南部；2. 薄叶铁线莲 *C. gracilifolia* 分布于云南西北、西藏东南、四川西部和甘肃南部；3. 金毛铁线莲 *C. chrysocoma* 分布于云南和四川西南部；4. 短梗铁线莲 *C. brevipes* 产甘肃南部；5. 美花铁线莲 *C. potaninii* 分布于云南西北、四川西部以及甘肃和陕西的南部。（Wang，2002；王文采、李良千，2005）

（4）唐松草属 *Thalictrum* 也是毛茛科6大属之一，有约210种，分布于亚、欧、非、北美和南美五大洲的温带地区。少数种分布于热带地区。我国约有100种，广布全国各省、区。在云南、西藏东部、四川西部、青海东南和甘肃西南部集中分布有2亚属、11组的57种，这一地区是唐松草属的分布中心。（王文采、孙英宝，2018）在此中心有一对姊妹群，细柱唐松草 *Thalictrum megalostigma* 和贝加尔唐松草 *T. baicalense*，此二种的瘦果均呈扁球形，区别在于前者的雄蕊花丝呈狭条形，花柱较长，而后者的花丝上部棒状（因此，此种演化水平较高），花柱较短。在分布方面，细柱唐松草是上述分布中心的特有种，分布于四川西部和甘肃南部；贝加尔唐松草则是一东亚广布种，自西藏东南、四川西北和青海东南部向北越过秦岭和太行山脉，自阴山山脉向北达西伯利亚，向东达朝鲜和日本（地图2）。（王文采，1992）

有趣的是 *Thalictrum baicalense* 是俄国植物学家 N. Turczaninow 于1838年编著西伯利亚贝加尔湖地区植物名录时，根据采自贝加尔湖地区的标本描述的一新种，这位植物学家当时大概不了解他描述的这个新种乃是一起源于中国西南部横断山区的东亚广布种。

（5）荨麻科楼梯草属 *Elatostema* 是冷水花族的一个大属，约有500种，分布于亚洲、大洋洲和非洲的热带和亚热带地区。我国约有300种，分布于秦岭以南19省、区。在云南东南部、广西西部和北部，以及贵州南部集中分布有楼梯草属的全部4组、52系的184种，这一地区是楼梯草属的分布中心。（王文采，2014）此属的特征：叶互生，叶片

地图 2 —— *Thalictrum baicalense* …… *Thalictrum megalostigma*

绣球藤群的 5 代表种：1. *Clematis montana* 2. *C. gracilifolia* 3. *C. chrysocoma* 4. *C. brevipes* 5. *C. potaninii*

偏斜；花序为头状花序，具花序托和总苞；雌花被强烈退化，或花被片只 1–3 枚，很小，短于子房，或完全消失；瘦果通常具纵肋。在 20 世纪 70 年代末，我发现了此属的一原始群，疏伞楼梯草组 Sect. *Pellionioides*，此组有 12 种，分布于我国西南和中南部，其特征是雄花序不是头状花序，而是数回分枝的聚伞花序，无花序托，其苞片互生，不形成总苞，其雌花序则为头状花序，雌花通常无花被片，稀有 2 枚极小花被片。2018 年年初，我在鉴定一批采自重庆市江津区四面山的荨麻科植物标本时发现了一楼梯草属新种雌伞楼梯草 *Elatostema femineocymosum*。模式标本一号，为一雌性植株，其雌花无花被，只有 1 雌蕊，与楼梯草属的雌花完全相同，但其雌花序不是头状花序，乃是一 3–4 回分枝、具互生苞片的聚伞花序，因此，这一新种代表了楼梯草属的又一原始群，名之为雌伞楼梯草组 Sect. *Gynosiadion*。（王文采，2018）上述二原始组的发现说明楼梯草属可能起源于中国亚热带地区。

上述毛茛科和荨麻科 5 属的例子完全支持吴鲁夫的精辟论断；此外，还说明深入的专科、专属的分类学研究不仅给系统发育研究提供基础资料，也对揭示植物区系的发展史有重要作用。

参考文献

傅德志．毛茛科人字果属的研究．植物分类学报，26（1988）4：249–264.

——．先生最知弟子心——贺王文采院士九十华诞．广西植物，36（2016）增刊 1：11–13.

王文采．中国毛茛科翠雀属的初步研究．植物学报，10（1962）1：59–89；（1962）2：138–165；（1962）3：264–284.

——．翠雀属 *Delphinium*. 中国植物志，27：326–462. 北京：科学出版社，1979.

——．东亚植物区系中的一些分布式样和迁移路线．植物分类学报，30（1992）1：1–24；（1992）2：97–117.

——．中国楼梯草属植物．青岛：青岛出版社，2014.

——．短尾翠雀花，云南毛茛科一新种．植物分类与资源学报，36（2014）6：788–790.

——．重庆楼梯草属一新组和三新种．植物研究，2018（38）.

王文采，李良千．铁线莲属一新分类系统．植物分类学报，43（2005）5：431–488.

王文采，孙英宝．中国唐松草属植物．北京：北京大学出版社，2018.

Fu D. Z. *Vascular plants of the world*. Qingdao：Qingdao Publishing House, 2010.

Malyutin N. I. The system of the genus *Delphinium*（Ranunculaceae）based on the morphological features of seeds. *Bot Zhurn*（Moscow & Leningrad）,1987, 72：683–693.

Tamura M. *Delphinium*. In P. Hiepko（ed.）, *Natürl. pflanzenfam.*, Zwei. Aufl., 1995, 17a IV：291–307.

Wang W. T. A revision of *Clematis* sect. *Cheiropsis*（Ranunculaceae）. *Acta Phytotax.* Sin. 40（2002）3：193–241.

Вульв Е. В. *Историческая география растений*. Москва,1944.

纵横

作为一种世界观理论的博物学

——“博物的哲学及博以成人”弁言

刘孝廷　刘静远

人性和物性的最大不同，或许是人有一种“宇宙性”，即觉得自己作为万物之灵长，是一种为己也为宇宙的存在物。人有宇宙观，而动物没有。正如海德格尔所说，存在者都是“在世界之内”，而此在则是“在世界之中”。（海德格尔，2014：62）中文虽然很难区分和体会“在……之内”和“在……之中”的细微差别，但人依靠自身的官能而与世界照面，力求与万有相通，使万物皆备于“我”，则是明确的事实。这实际成为人类的一种崇高追求，同时也意味着不是所有人都能同时达到这样的境界，至少坚持数理世界观的人恐怕早已因为背弃以往的博物学和诗性智慧传统而南辕北辙。现在，正在复兴的博物学，作为一种新世界观，就是要唤醒那些执迷不悟的人重新走上与万有和解的还乡之路。

一、博学无方

主张“博物是种新世界观”并非我们当下新创，本文作者之一刘孝廷近些年曾在不同场合讲过，只不过因有“讲过且过”之癖，思过说过后对于报告提纲和录音等疏于整理和发表，故而受众面很小。虽然基本思想要点曾发在英文杂志上（Liu Xiaoting，2014：78–86），但国人很难见到，故而此处择其要者略述之。

说来，博物学作为一种知识范型在中国学界虽已为众多识者接纳，而作为一种世界观则应者寥寥，概因思维转换之难度所致。虽是如此，基于下述几点，这里的立场却仍该是成立的。

（1）博物学是一种稳定的、与数理科学不同的对世界的看法。博物学并不是什么新生事物，其悠远的历史甚至可以回溯到洪荒时代。今天的人们之所以还有新鲜感，不过是因为数理科学统御了近代200年，人类记忆史有些“断片”而已。了解科学史的人都知道，博物学传统在人类知识史上是比现在的数理传统古老得多、在古典时代又长期占据主导地位的研究范式。所谓近代哥白尼—牛顿的科学革命，说到底就是数理科学传统对博物学传统（主要是自然哲学）的颠覆。以往的研究较多地指出了革命中的断裂，如库恩关于范式不可通约性的讨论，现在则发现革命不过是主导范式的转换，相当于轴心角色（主角）的变化，丹尼尔·贝尔称之为中轴转换。所以，目前人们习惯于把博物学和数理学看成是在古今不同时代起引领作用的知识范式。最近北大刘华杰教授又用平行于科学的概念来描述不同认知范式在整个人类认知体系中的主从结构和变化，从而使得整体的认知图谱更加清晰完整。（刘华杰，2019：9）

（2）博物学有自己的认知方式和叙事逻辑。这本是一个很简单的问题，却因为不同的价值判断而影响事实的认定。特别是随着时间的远去，今日人们对传统的认知方式和叙事逻辑多不熟悉，从而加深了误解与疏离。关于这方面，刘华杰教授已经做了许多拓荒性探索，其《博物人生》展示了一种实践态度，《博物致知》勾勒了一种不同于数理科学的认知方式，《从博物的观点看》提供了一种新颖的观察视野，《博物学文化与编史》则体现了对科学编史学的改革和扩展。而近日清华大学刘兵教授编著的《博物情怀》也展现了不同博物学者的思考。凡此种种，都体现了科学哲学学者介入一种理论研究时所持有的思想自觉。不过，总体上看，关于近代科学与传统自然哲学的差别，由于以往的研究比较集中，人们大体能够辨识彼此的基本不同，特别是建立在库恩科学范式革命论基础上的比对，更是鲜明。但对中国传统的认知特性，能够清晰叙述的依然比较少，如何与现代知识衔接更是大问题。对此，本文作者之一刘静远综合各类材料和研究进行了概要梳理，此处略陈一二，求教于方家。

博物学在东西方的基本形态都是自然研究，主要方法是观察、采集、体知和分类。博物学在西方的主导形态是博物志（natural history），在中国则是自然国学。与博物志平行的形而上学作为物理学之“后”，就是求本质、求相，即现象背后的数学形式，数学本身又一体二翼，分为代数、几何，所以与博物志有一定间距和张力。这既源于希腊数学与物理经验的二分，也是西方后来的科学革命的原初基因。于是，西方就出现了二重思想。透过现象求索的结果，就是走向了“抽”象的学问，这导致了日后以寻找自然运动背后之数学公式为目标的现代实验科学的出现；博物志则一直属于自然观察和描述而退守边缘。中国自然国学的主导形态是象的学问，不讲象之后，所以是形而“象”学。形象之学是一阶的，是唯象的学问，其象又分为物象（自然之象）和易之卦象。物象是物的显象；卦象是卦的排列形式，是把握象的技艺。前者体现了形象性和直感性，后者体现了实用性和技巧性。物象知识形成的基本方式是通过览，即对对象的自然观察、观览和体察获取信息。知识的基本加工元素就是象，象诉诸感官，是多样具体的，只能取类，因此对知识的加工方式则是以类推的形式进行，类推的方式又分为取类比象和类推思维。于是，沿着感性的路线就走向感性之学，即审美学，从而导致中国较之西方更近于“人文”立国。与象相关的是数，通常指象数，象数之学是象学的重要组成部分，其实践部分又叫数术，通常和占卜推测等密切相关。之前曾有人提出“象科学”概念，虽有启发，但“科学”一词本属外来语，强行套用难免有硬贴之嫌，故而可用形象学的简称“象学”来名之。相应地，其他如象思维、象文化等也都可用。我们一直坚持，中国传统文化与现代科学有隔，如果说是“科学”，也只能是古典的科学——博物学。简单对比中国象学和希腊博物志，可以发现二者实际上同大于异，形式上虽然有区别，讨论的内容和方式大体是相通的，对应性很强，中西方最根本的差别可能还在于自然哲学，特别是数学部分，这是中国象学与希腊相学的根本不同。

（3）在人类知识史上博物学曾经发挥过巨大作用，产生过非常久远的影响。总结博物学，有四个特性值得我们重视（刘啸霆、史波，2014：8）：

其一，从发生学上看，博物学作为原始古老的知识形态，也是一般知识的原初形态，还是任何时候人类特定知识的常在形态，也就是说，不但现今的所有学科都有一段博物学意义上的发生史，而且现在的许多知识，特别是个体知识（内隐的、难言的、身体的、诗性的知识）依然是博物学的形态。

其二，由于知识是供人使用的，所以现在的许多知识，都还留有博物学的特性。特别是需要手工操作的实践类型的知识，比如医学的临床实践，在相当程度上还是一门手艺和技术，需要经验；电的使用和技术规范、地质学和天文学的实践等同样如此，至于人文知识则主要以博物学的形态存在。如果以系统纯粹的科学知识为中心做圆形扩展，则除了中心部分，绝大部分是博物学形态的知识。

其三，就思维方式而言，博物学的思考是整体论而非还原论的，是有机论而非机械论的，是多元论的、有情的，而非简单排他的、无情的。

其四，由于数理化程度较低，所以最初的博物知识大多是和其他知识融会在一起的。在博物学看来，世界上存在的东西没有没用的，这就像一片森林，其中的任何一样东西都是不能随便割除的。只是由于社会在某一时段的侧重点不同，才会形成具有不同的系统性特征的知识。比如，在物质财富没有明显增加、社会结构大体稳定的情况下，人天关系、人伦原则就上升为主导，这是维护共同体存在的一种基本手段和形式。

这样，我们就发现，博物学作为一种古老的知识范型，是一种关于“集体智慧”的学问。它不是争斗性的、跋扈的知识，而是宽容的、厚道的学问；它坚持的是一种有机论世界观，因而不会打着近代进步主义的旗号随便宣布他人的行为为非法。所以，博物学的立场和态度就是一种建设性的对话，是沟通和合作，因而是和谐的文化范式。当我们把博物学的精神上升为一种纲领和准则时，它就成了与数理学所推崇的现代性方案极为不同的观点和立场，成为当今思想对话的重要推动者。这对完整地理解古往今来的哲学也是至关重要的。

（4）博物学跟人的生活和生存关系密切。刘华杰教授出版了一本有名的书，叫《博物人生》，申明博物学跟人生的关系非常直接，而数理科学使我们丢了很多东西。博物学实际是一种记忆，人类很多东西都停留在博物学描述的世界里。比如，我们可以把知识分成两类，一类是“干”知识，即可以进行编码、加工的公共知识；另一类是“湿”知识，是不能脱离知识主体而存在的知识，有如牛肉羹，必须肉丝和汤一起喝，而无法单独把牛肉捞出来，像馒头、面包、饺子那样单独吃。老中医的知识也是如此，他一摸就能摸出某个人得了什么毛病，而一般人是摸不出来的。可是老中医的经验却不容易传递给你，其中的大部分都因他本人的离去而被带走了。一个画家的绘画技巧也如此。画家提供的是艺术品。艺术品总是讲“这一个”，不可重复。市场上的一幅手工刺绣可能要卖好多钱，绣得还不一定太好，而一幅机织品虽精致华美却便宜许多，因为同样的物品多的是，可以无限复制。这触及了本雅明所谓的机械复制时代艺术的命运问题。进而言之，人也是艺术品，每个人只有一个，人是不能随便复制的。本文作者之一在学生入门时，都对他们说："要记住，你是一件艺术品，而不是技术品。现在的教育就是技术品教育，千篇一律、千人一面，那样人就'死'了，所以说现代数理教育其实是杀人的教育。但人是一个个的，不是沙子一堆一堆的，所以不能采取大面积播秧的方式培养学生。"博物学研究的对象，对应的是艺术品，而数理科学对应的是技术品。我们从事博物学研究时，应该注意博物学的这些重要思想。这些思想在我们的古老文化里本来就有，比如孔子讲的"因材施教"，就有这个意思，虽然还不充分。人类有漫长的博物学传统，数理科学才三五百年，但是我们大量的古典知识和经验都丢了，所以推广博物学还有 "抢救" 优秀传统的意味。

（5）未来的博物学依然魅力无限，大有可为。博物学是当今中国学术和思想界非常强劲并有启发性的一个重要领域和思潮。它所倡导的一些观念和方法对于改进人们看待世界的方式，提高生活质量都具有不可低估的意义。

首先，博物学对于改变传统以近代知识论形而上学为核心的哲学，具有观念和思想上的突破作用，对于沟通和集结 20 世纪纷繁杂乱的哲学众流具有理论上的奠基作用，对于复活东方传统思想并使之进入当代哲学具有重要的桥接作用。

其次，博物学可以其特殊的方式解决数理科学留下的各种困难。数理科学的兴盛排挤博物学而给世界带来难以计量的困扰，特别是环境污染等全球问题。作为生活、生存的知识和悠久而普遍的世界观、人生观，博物学是数理科学的历史根基和与时并行的知识与观念形态，也是救治与摆脱各种社会问题和人生窘境的一条小路。

再次，博物学既是历史的也是当代的，既是理论的也是实践的，既是关于对象世界的也是关于人类自身的，既是个体的也是与万有相通、成己成物的至上智慧。为此，加强博物学研究、推动博物学实践、拓展博物学教育刻不容缓，甚至攸关世界和文明的命运。

二、大理物博

博物学的一些基本规范，如果提升为略带普遍性的原则，用来处理各种复杂问题，就成为博物的哲学。这样的做法会触及两个层面的认知规范，一个就是博物学哲学，类似于目前流行的科学哲学；另一个是博物的哲学，类似于科学的哲学，大致相当于维也纳学派时期正统的作为一般哲学的科学哲学。后一种思路挪到眼下，其实就是主张博物学是一种世界观。但博物学是一门存在时间比现代科学久远得多的学问，说它是一种“新世界观”，是因为现在大多数人早忘记了这门传统“功夫”，而如今涅槃重生的博物学也更换了面孔，故有称“新博物学”。（刘华杰：2015：195）

（1）不博物无哲学。博物学和哲学的关系由来已久，早在近代意义的科学出场之前的轴心时代早期，人类从洪荒中走到阳光下歌唱，哲学便是那第一支歌曲的乐谱。它和宗教、艺术一样，成为知识的第三种形态，因而深深地扎根于人类的博物学知识传统中，所以哲学当然也就不能不沾染博物学的色彩或特性，就像今天受到自然科学的影响一样。只是由于所谓的现代科学革命，数理科学得以兴盛，博物学被人为地挤到边缘而处于被遗忘的状态，这才导致我们面对一系列哲学问题出现失语。哲学史上的许多重大争论，都可以通过博物的方式和态度得以诠解。

譬如，为什么哲学在古希腊后期被归为“物理学之后”，而不是数学之后？因为那时的物理学相当于一般的自然之学，还是一种博物志的形态。其实，我们现在所说的本体论或存在论，就来自古代的自然哲学，也就是基于博物志而无多中求一的研究，所以现代哲学回答不了这整个领域的问题。

比较而言，早期的物理（自然）是“多”，是具体；数学是“一”，是抽象。古希腊哲学中的一与多的争论，其实体现的是已经萌芽了的博物（史志）范式与数理（哲学）范式的争论。结果我们看到，亚里士多德虽是形而上学的奠基人，但他身兼二任，同时也是博物学的大师。

本来，古代的数学、物理是分开的，代表严格科学思路的主要是数学，因数学而激发出了形而上学。到了近代，数学与物理学结合，形成了数学范式的物理学，这才有近代的科学革命。

哲学是一门在博物学的语境中生长出来的精奥学问，其发展路径跟科学完全不一样，因此严格按照数理的方式来重新理解、重新布局，是不可能的。人类知识有四大界域：艺术界、宗教界、哲学界、科学界，以它们为顶端形成一个知识四面体，这意味着它们彼此相关而又各自独立，没有一个可以被其他方面“吃掉”。过去哲学在不同时期靠着不同的方面支撑着，今天寻找哲学自己的特性，也正是博物学激发我们去完成的一个重要使命。

（2）博物有爱。人们曾经给哲学下过各种各样的定义，但是没有一个能够被普遍接受，最后还是不得不搬出毕达哥拉斯的“爱智慧”来搪塞。那么，什么是智慧？这本身也很混乱。智慧离不开知识，又不是知识，而是具有内感和实践的成分，也就是具有难言的成分，在智慧中包含综合与平衡。爱是一种“情感”和行动，爱情是情的一种。爱智慧就是要动感情，要投入智慧中去，说明古人是很实诚、动真格的，这其实就是一种博物的情怀。而现代科学强调“客观化”，是拒情和无人的。可见，哲学就是博物时代的产物，它和宗教、艺术一样，是博物时代的精神遗产。哲学作为最古老的学问，深深地扎根于人类的博物学知识传统中。所以，哲学只能是爱智慧，而不能“拥有”智慧。爱是一阶的体知、亲知过程，而到了“物理学之后”就成了二阶的，因为这“后”不但是时间和顺序概念，更是层次概念，是透过物理学的现象看本质和本体。哲学因此走上了疏离源始的背井离乡之路。

形而上学使哲学走上了“科学”化的道路。特别是近代数理科学使哲学进一步“科学”化。为了使哲学能够科学化，人们只有在知识学上首先给哲学奠基，才能说清哲学的一二。于是，哲学就成了知识论形而上学。那么当代科学又为什么排挤哲学呢？因为数理科学太强了，它又构造了一套自己的观念系统，传统的依据博物学的自然哲学就被遗弃了。而在博物学看来，世界上存在的东西没有没用的，一个东西怎么能随便抛弃？人们天天反哲学、否哲学，之所以反不掉，就在于哲学是家园之学，在于哲学的博物学本质。其实，在人类所有的知识体系中，哲学是最博物的。不博物，就不能成为哲学。所以，大哲学家不仅是博学的，而且是博物的，例如赫拉克利特、亚里士多德、莱布尼茨、达尔文、黑格尔等。哲学为什么是博物的？因为世界是个博物的世界，我们生活在一个博物的世界里，人也应该是博物的才对。就哲学而言，恰恰是“博物”让哲学有了个“家”。现在的哲学家之所以都找不到北，就是因为哲学其实一直不在家。“为哲学找个家”，成了新近哲学家的重大使命。

与此相似，另有一批哲学家在20世纪前后大反形而上学，如叔本华、尼采、克尔凯郭尔、柏格森，最典型的是后期的海德格尔、维特根斯坦，以及杜威和罗蒂等，从根本上说就是与哲学的“科学”化对抗。其实，马克思反哲学、否哲学（见《关于费尔巴哈的提纲》），反的就是认知哲学或知识论形而上学。马克思一生就是走了使哲学从博物（希腊）到数理（黑格尔）又返回博物（历史和人类学）的圆圈。但是，另一方面，所有人包括高举后哲学文化大旗的罗蒂，都没有解决哲学在今人可理解的范围内如何就位的问题。罗蒂综合了海德格尔、维特根斯坦和杜威的论点，提出了哲学的文学化，但实际上在哲学界并没有真正的追随者。而博物的哲学解决了罗蒂留下的疑难。特别是，哲学史上有许多问题一直争论得非常热烈，成为几乎永远无法根除的悖论或难结。但是细思不难发现，那根本不是问题，更不是永恒的问题，而是博物思想的一种特征和结果，其中有许多东西完全可以归在博物学的名下而无须质疑。最有意思的是，有些看似不同派别和观点的争论，在今天看来，其实不过是不同规范之间的一种竞争，不必刻意求同，因它们在一定程度和意义上其实是通的。再仔细想想，这些争论其实各有来由，而就其学科属性来说，主要还是因为找不到一个共同的规范作为支点。而如果接受博物学，则可以轻易化解历史上的多种哲学问题和争论，如哲学和科学的关系问题，恩格斯所说的哲学基本问题，最近争论的哲学和哲学史的关系问题，理论哲学和实践哲学的关系问题，创新、美和伦理的归属问题，维特根斯坦所谓的"不可说"问题，哲学与人生的关系问题，以及哲学学科归属和结构问题等等。因为在本文作者即将刊出的《博物的哲学》中另有专论，故此不作赘述。

（3）哲学的门里门外。在此说一件有趣的轶事，许多人喜欢19世纪及其以前的哲学，认为那时候哲学基本是天下一统、纵横四海，又仿佛风水轮流转，展示永恒的"循环"，如16世纪意大利，17世纪英国，18世纪法国，19世纪德国，一节一节前后相继，线索清晰，纲领突出。而20世纪的哲学则"杂乱无章"、群雄竞逐，旧的天下一统的局势崩溃了，出现了几十个不同的流派，让人眼花缭乱、无所适从。可是，从博物学的观点看，倒是20世纪的哲学色彩更多，把每个领域都开拓得更充分。因为哲学是一座百花园，是一个门乃至界，而非18世纪末以来学科教育分类下的一个分支学科。从近年国内一些哲学研究机构的起名看，也能见出一些观念差别，具有代表性的有中国人民大学的"哲学院"和北京师范大学的"哲学学院"。其中"哲学院"的意思就是哲学是个门，与北大过去的哲学门含义差不多，遵从的是一种古老的传统；而"哲学学院"的意思就是哲学是近代以来知识分类划分出的一个分支学科，坚持的是18世纪末以来的近代哲学科学传统。

三、博以成人

人既是博物的存在，则研习博物学

就是成人之必须。按照恩斯特·布洛赫的观点，人是“尚未”（not-yet），即“还没有”。世界上不存在现成的人，最初的人只是一个胚胎或“种子”，所以人必须去“是”，去成为他“自己”，成为主体，成为更自觉地把握自己命运的人。也就是说，人总是要成人的，这是人的宿命。有时，不同语境中又将这叫“做人”，说明成人不只是一个理论问题，更是一个实践问题、生存问题。

问题是成什么人？这显然不是一个生理问题，而是一个文化或文明问题。对此，中国古代儒家强调成为仁学意义的人，基督教强调成为基督那样道成肉身的人，而现代人经过启蒙运动，则强调成为具有独立个体人格的人。这些都是时代的标准，不同时代的人和同一时代的每个人又是不一样的。正如莱布尼茨所说，“世界上没有两片相同的树叶。”可见，不同的人生是有“成色”的（文化同样也有“成色”），有的可能接近“成品”，有的最多是“半成品”，不一而足。关于这一点，曾经流行的说法是，有的人虽然活着，但是已经死了；有的人虽然死了，但还活着。这种说法触及了人的个体与他的族群或种属的关系，也就是说人比动物“优越”的地方，就在于人能更多地获得或占有他的种属的系统质，一般叫“类本质”，集类的“本事”于一身。对此，列宁曾说过，只有用人类创造的全部知识财富来丰富自己的头脑，才能成为共产主义者。当然，成人实际是一个双向占有过程，因为他同时也更好地属于他的类，即被他的类所认可（“占有”），所以思想和影响才会在类中传递。

哲学作为“爱智慧”，实际是成人之学。希腊哲学强调“认识你自己”，并且主张未经反思的人生是不值得一过的。这就是要用智慧来化自己，使自己成为人的类层次的人（类人）。按照康德的说法，全部哲学就是回答人是什么的问题，即人从生到死所展示的全部文化的秘密。所以，哲学不仅要说明什么叫成人，而且要说明怎样才能成人。为此，我们从博物学视角梳理了成人的一些基本原理，作为“成人之道”，与读者分享。

（1）目的性原理，即成人要成为有类性的个体、类个体或类人。虽然所有人都属于全人类，但只有实现个体与类的双向占有，才是类人或“全人”。

（2）系统原理，即个体人超越自身的局限而从类的眼光对待一切，甚至可以说，他本身就是一个小的类，代表类的成熟及所能达到的时代个体水准的高度。这里面又包括四个维度：①知识维度，即成人就是要用全人类的知识武装自己；②思维维度，即成人就是要学会类的思维或超越性思维，从类的观点看世界；③替万物思维或着想的特征维度，即能用万物的眼光或生态的、宇宙的思维看世界，因为作为最高存在的人属于全宇宙而不只属于人自己；④身心协调的维度，即努力用心并积极体会身的状态，达到身心协调与平衡，实现自我认同。

（3）个性原理，成人无论有多少环节和指标，最后都要落实在现实的个体的人身上，使其丰盈饱满。为了这个饱满的“个人”，成人先要从个体上升到类，然后再从类回归个体，完成类品质的个体吸纳和消化，然后呈现出来成为“这一个”。前面曾提到人是“艺术品”，不是技术品，而成人就是使人自身成为一件有保存和流传价值的“艺术品”的过程。这里将两种尺度简要做一比对，或有助于更具体地见出差别。

艺术品	**技术品**
个性的	无个性（标准件）
独一的	多多益善
不可重复的	可以无限复制
内蕴丰盈	涵义干瘪
不可替代	喜新厌旧
恒久意义	当下价值
更多间接及隐藏意义	主要是直接或眼前价值

（4）实践原理，即成人是一种实践，所以必须学而习之、学以成人，尤其是通过内省（灵修）和行动训练自我，通过行而成之把自己实现出来，让理想的品格成为现实的存在。中国古代特别强调“做人”，一方面是说成人不是虚的，而是一种长期做下去的实践的功夫；一方面是说做出来了、做成了就是成人，非做无以成，也就没有成人。

这里必须说明的是，成人既是个体的命运也是人类的命运。马克思关于古往今来人的三种存在状态的理论，就既说明了个体的状态，也说明了人的种系的状态。他在《巴黎手稿》中关于人的四种异化现象的分析，也同时触及这两方面。而且他不无感慨地把迄今为止充满艰辛曲折、血泪斑斑的整个人类历史都叫作人类的“史前史”，认为这是人类还不成熟，特别是与自然割裂的半野蛮状态。为此，他在《共产党宣言》中提出了关于未来理想社会构成的人学原理：“每个人自由而全面的发展是一切人自由而全面发展的条件。”可见，他对人类未来是寄予了无限深切之厚望的。

由于成人是“涉身”的生命进程，所以它必然是一个博物过程。博物学作为先民在大地上依靠最基本的生存经验，自然而然地形成的知识，来自百姓日常生活的直接需求。它除了具有自然性、本土性、个体性、切近性、涉身性和具体性等特点，在内容上基本也是附魅的、有情有意的，是当地人生存于当地的生命智慧，与当地人的生活习性、社会秩序保持一致，是“一方水土养一方人”的思想结晶。所以，如果往大处说，博物学不仅具有地方性和民族性，也是一个国家或民族的文化个性。雅斯贝尔斯所说的轴心文明，其知识主导类型就是这种博物学的智慧。此外，进而言之，人本身更因是一种博物的存在而得到“规定”。有人曾说，如果地球哪天不行了，我们就像丢弃一间破仓库那样把它扔掉，移居别的星球。可是我们人身上所有的指数都是按照地球的指数建立起来的，如果离开地球人类会怎么样？至少目前还无法预测。这意味着，人这个所谓的宇宙人其实在肉身上更是地球人，所以还是在地球上好好活着最好！而维护好自己的地球家园也是很光彩荣耀的事，何须贪得无厌、欲壑难填？其实按趋势外推原理，人类既然控制不住自己败坏这个星球，也更无法控制自己继续破坏移民的新星球，结果人类就只会一路败坏地在宇宙中流浪，成为永远的无家可归者。

最后，博物学研究既是一个知识领域，也是一种思想、一种运动。博物学有一种情怀，什么人可以做博物学？没有能力和知识上的要求，但是有情怀上的要求，甚至可以说这是首要的也是唯一的要求，那就是博物的情怀。博物学是一种运动，做博物学的人应该从自身做起。比如博物学跟环保、生态相关，做博物学的人就要反思自己是不是一个浪费的人，是不是一个暴殄天物的人，是不是独断专行的人，这可以体现出一个人的素养来。博物学是一种思想和境界，它展示了一个非常好的视野，最初的博物学就不是局限在象牙塔和高墙里，如今它也应该继续走向更广泛的人群和大众。对此，我们要有信心。一是要有领域自信，博物学的领域无限广阔，可以使无数人大有作为；二是要有方法自信，博物学的方法跟数理是不一样的，凡是研究或者涉足博物学的人都有一些生存技能和独特体会，有的甚至身怀绝技；三是要有文化自信，古中国之所以是中国，就因为一直是在博物的意义上发展自己的实践智慧传统，形成了属于自己博物文化的重要思想和行动规则，抚今思昔，今人安可逊古人；四是坚持前途和前景自信，因为没有博物学就没有人类的未来。孔夫子曾说：“礼失而求诸野。”（《汉书·艺文志》）今天我们可以仿此说，文明遭遇困境、迷失方向，就要求助于博物学，就要返回源始，因为老马识归途、源始葆贞。

世界因数理而破败，必因博物得拯救！

参考文献

〔德〕海德格尔 . 存在与时间 . 陈嘉映译 . 北京：生活·读书·新知三联书店， 2014.

刘华杰主编 . 西方博物学文化 . 北京：北京大学出版社，2019.

刘华杰 . 博物学文化与编史 . 上海：上海交通大学出版社，2015.

刘啸霆，史波 . 博物论——博物学纲领及其价值 . 江海学刊 . 2014（5）：5–11.

Liu Xiaoting. The Philosophical Value of the Chinese Experience of Natural History： in the Perspective of Neo-Aristotelism. *Biocosmology-Neo-Aritotelism*，Vol. 4. Nov. 1 & 2. Winter / Spring 2014. Novgorod.

（刘孝廷为北京师范大学哲学学院教授；
刘静远为美国路易斯安那州立大学比较文学博士）

纵横

博物理念宣言

中国自然辩证法研究会博物学文化专业委员会

（2018年8月18日，第三届博物学文化论坛表决通过）

我们，作为一部分博物活动参与者，在此重申若干理念并提出相关倡议：

长期以来人类通过与环境的互动、机智地利用大自然，创造了灿烂的文明。但是，作为地球共同体中的一员，人这个物种的快速演化和一些行为损害了其他物种的利益，破坏了天人系统的可持续生存。

博物是人类感受、认知和利用大自然的一种古老方式。复兴博物学意在传承和发扬这一传统，重申人类从属于大自然这一基本事实。博物过程反思现代性的逻辑。博物活动在宏观层面与大自然互动，强调通过亲自观察、体验、探究，增强个体对大自然的感受力，更好地鉴赏自然之美，坚定合理利用大自然的信念。

博物自在而不忘自律，方能赢得尊重、做到可持续。应当知晓盖娅的前世今生，学会感恩。应当不断反思、约束自己的行为，减少博物活动对大自然的可能伤害。应当广泛吸收传统文化、民间智慧和现代科学中的各种有益要素，尝试用非人类中心论视角看待世界，不夸大人类的算计能力和对大自然的改造能力，充分理解演化过程之精致和复杂，推动保护生命的多样性、保持生态系统的稳定性。

博物活动应当遵守法律，培养良好的探究习惯，慎重采集并善待标本。鼓励对平凡的事物保持好奇心，反对不适当的猎奇。鼓励通过文字、影像、绘画等多种形式展现自然物和景观，反对为了某种特殊的拍摄效果而故意伤害动植物、破坏景观。提倡分享，反对掠夺、霸占大自然的物种、物产和优美景观。

博物有先后，宜由近及远，量力而行、渐次展开。热爱家乡及第二故乡，重视地方性知识的收集整理。尝试记录在地景观、物种、动物行为及生态系统的状况，关注家乡的生态环境变迁。对外来物种保持警觉。

培育博雅情趣，重视长程权衡。传承徐霞客、李时珍、G. 怀特、梭罗、缪尔、法布尔、利奥波德、R. 卡森、K. 劳伦兹、E.O. 威尔逊等博物学人所实践的博物学文化。

鼓励采取“博物 +”策略，有意识地在餐饮、旅行、城市规划、工程与工业设计、艺术、教育、国学、保护区和公园管理等领域及日常生活中增加博物视角、融入博物情怀。推动各级教育部门结合当地条件开展多样性的博物活动，促进学生身心健康发展，增强生态保护意识。

注：《博物理念宣言》在中国四川成都彭州白鹿上书院通过，也称《白鹿宣言》。版权归中国自然辩证法研究会博物学文化专业委员会。初稿 2017 年 8 月由刘华杰起草，先后有十余人参与修订，第二稿收于第二届博物学文化论坛的论坛手册（2017 年 11 月 11 日，商务印书馆）。第三稿 2018 年 8 月 18 日由第三届博物学文化论坛表决通过。此宣言曾正式发表于《中华读书报》（2018 年 8 月 29 日）和《科普时报》（2018 年 8 月 31 日）。欢迎在保持文本完整性的前提下转载。

对《博物理念宣言》的说明

刘华杰

刚刚通过的《博物理念宣言》（也称《白鹿宣言》，以下简称《宣言》），我本人是最早的起草人，后来全程参与其修改和表决，在此愿意就内容做一点说明。《宣言》是集体通过的，体现的是集体意志，现在我只代表我个人做些解释，每个人都可以有自己的解读。

中国经济、社会发展到一定阶段，经过众人的努力，博物学近些年在中国终于有了复兴的迹象。理论上，不特别推动，待到中国成为发达国家，在博物学上也应当有不错的表现。现在，发达国家的社会中，博物学都很发达，没有例外。此时我们努力推动，是希望中国古代有着深厚文化基础的博物之学，在今天能够早日复活，全面吸收世界各地博物学的长处，为更多人所了解、所实践，更好地为群众的日常生活服务、为生态文明建设服务。

推动复苏或复兴博物学，为何要专门起草、修改并通过这样一份宣言呢？古今中外凡是与博物学相关的东西，直接拿来加以推广、使用不就结了？实际上，事情有微妙之处。我们不相信本质主义的说法，不相信博物有不变的本质或好的本质，也不认为带有博物标签的东西都是好东西、都应当实践。这与我们对科技的态度是一样的。博物有许多类型，从宏观上粗略、简单地讲，有帝国型和阿卡迪亚型，对于普通百姓并非都适合，即使在一定条件下都可以尝试，也要分先后、主次。在现实中，不同团体倡导的博物学，也有一些区别。《宣言》并非宣布只有我们是正确的，但可以通过明确认识、主张而起到一定的划界作用。比如，可以让局外人更容易看清此博物不同于彼博物。

《宣言》的主语是一部分人，不是所有人。是中国社会中的一部分人，也是从事与博物相关的活动者中的一部分人。这意味着，其他博物人未必赞成《宣言》的内容。《宣言》第一句就明确指出我们指谁，指“一部分博物活动参与者”。当然，通过此宣言，发表此宣言，意在扩大影响，最终扩大“我们”的范围。这不意味着“我们”的观念在将来不会发生变化；肯定有一些变化，但短期内不会有较大的变化。

接着，《宣言》通过回顾的方式，阐明了当下天人系统面临的困境：可持续生存遇到重大问题，而主流价值观依然在加剧目前的困境。我们人类是天人系统中的一员，系统出现的问题部分是由于人这个物种的不当行为造成的。博物学是一门古老学问，门槛很低，但世代传承、广为实践。这样的一种知行体系，对个体的益处有多有少，整体上看，长久以来运行得颇好，因为它并未导致天人系统出现不可持续的问题。“天地之大德曰生”，大自然生生不息，包含人类在内的大自然长期以来也如此，人不过是一个物种。但是，现在世界进入了“人类世”(Anthropocene)，麻烦来了。人类或者人类中的一部分人，为了自己的短期利益，开发出很多改造外部世界的手法、技巧，已经威胁到其他物种的利益以及地球“盖娅”的长远生存。

博物人，通常比普通人更擅长与大自然打交道，我们也坚信对自然事物的更多了解有助于端正态度，更加理性地生活。但是，博物活动也不是没有负面影响的，在操作的过程中，也多多少少影响大自然的正常生存；如果完全放任，也可能威胁到一些物种的生存。比如，博物人喜爱珍稀的动植物，这种喜欢通常是单向的，未考虑对象的感受、福利和持久生存问题。在现实中，由喜爱，反而可能导致不必要的伤害。有些是很严重的，有些是不严重的，前者可能涉及违法，后者可能仅仅是不道德。《宣言》对此作出说明，一方面肯定百姓博物的权利，另一方面强调自律。“不忘自律，方能赢得尊重、做到可持续”，这是我们主动对自己提出的限制性规定，不是约束别人，而是约束自己。约束自己的行为，尊重自然，并不是一件简单的事情，而是很复杂、很困难的事情。有时是不明白道理，有时是道理明白而不愿意践行。即使一时愿意践行，要持久坚持下去，也很困难。怎么办？通过学习和教化，改变观念，比如尝试以非人类中心论的视角看世界，不夸大人这个物种的理性算计能力；比如认同多样性与稳定性的内在关联，在经验主义和理性主义之间取得平衡。

关于在博物活动中如何规范自己的行为，《宣言》并没有直接唱高调，而是首先强调“遵守法律”。这是底线，但是中国人常脱离、抛弃此底线而叫喊不着边际的主义、理想，最终导致底线被频频突破。遵守法律是公民的义务，但就个体而言并非所有人都非常愿意，只有接受好的教育、培养好的习惯，才有助于全社会遵守法律。《宣言》具体点出了博物活动中的几个敏感问题：标本问题、猎奇问题、拍摄问题。并没有只给出否定性的描述，而是强调提高修养，具体问题具体分析。说到底，博物与自然教育很不同的一个地方是，前者强调自我教育，后者非常热衷于教育他人。

博物分等级、分先后、分远近，《宣言》指出“由近及远，量力而行、渐次展开”。博物不是竞技体育，我们倡导的博物活动反对不顾条件，一味地追求上层次、加难度、拼设备。博物的好坏，通常是难以充分量化和客观对比的。通常情况下，基于“更大的共同体”利益加以权衡，只要用心博物，效果就是有的、好的，不宜一味进行比较，更不宜排出第一、第二、第三等等。不过，《宣言》也指出，博物参与者个人的观察、记录及与同好的交流总是重要的，应当提倡的。在博物先后上，《宣言》特别指出本地、“在地”、本土种的重要性、优先性，参与者要关注家乡的生态变化，对外来物种保持警觉。“保持警觉”是比较中性的提法，因为外来种有好有坏，相当多需要长期评估。而我们首先要增强自身识别物种的功力，当遇到外来种时，能够知道它是外来种。

就具体操作和模仿而言，理念、伦理等仍不免抽象，为此《宣言》特别列出若干榜样。榜样是具体的，也是有力量、有魅力的。徐霞客、G. 怀特、梭罗、缪尔、法布尔、利奥波德、R. 卡森、E.O. 威尔逊等，确实提供了极好的人生榜样，通过他们的人生经历、言行，人们容易理解何为博物、何为好的博物。

现在复兴博物学，不是简单的争名分的问题；博物不具有恶性竞争的实力，那也不符合它的品味。在当下倡导复兴博物学，不宜过分强调独立性，《宣言》在最后指出一条可行之路：鼓励采取“博物 +”策略。通过这一温和的、界面友好的策略，确实可以“在餐饮、旅行、城市规划、工程与工业设计、艺术、教育、国学、保护区和公园管理等领域及日常生活中增加博物视角、融入博物情怀”。这个社会也许不需要太多独立的博物学家，如果一些领导干部、一些校长、一些教师、一些工程师、一些村干部、一些家长有了一点博物情怀，这个世界就可能非常不一样。总之，这份《宣言》坦率地陈述了我们的一些观念主张、操作技巧，但也比较谨慎，尽可能不咄咄逼人、强人所难，也不动别人的奶酪。

我的徒步三部曲：从竞争到适意

朱效民（北京大学哲学系／北京大学科学传播研究中心）

摘要：作者结合自身在国内外参与和组织数百次徒步健身的经历和实践，系统阐述了自己徒步发展的3个不同阶段，逐渐从竞争性、专业化、挑战式的徒步理念转变到如今不随便挑战极限、不走专业化道路、徒步日常生活化的理念，并提出“三不”“三随”的组织模式：不用报名、不必联系、不见即散，一切随性、随意、随缘。在这个过程中，积极学习和借鉴中国传统的健身思想（如太极拳、气功等），同时深入反思和分析现代西方运动的观念，力图为大众健身的发展提供一些不同的选择和思考。

关键词：徒步；极限；竞争；徒步生活化；适意

2010年10月，我收到学校工会一位朋友的通知，在当周的周六上午参加了一次在北京郊区爬山的活动。事后才知道这是北京大学教职工户外健康协会的第二次活动（大家习惯叫徒步协会，第一次活动可以说是临时起意，参加的主要是化学学院的一些老师）。在随后的两年里我几乎一次不落地参加了北大徒步协会的近30次户外活动。北京郊区诸如黄草梁、小海坨、阳台山、凤凰岭、黑龙潭、京西古道、平谷徒步大道、松山、北京西山等几乎都走遍了，有的景点还几次正向、反向地来回穿越。2012年7月我作为主力队员参加了协会在四川康定、甘孜组织的徒步活动，我们到达的最高海拔是4000多米。此外，我多次被安排担任户外徒步活动的领队、向导、“压后”等，还拿到了户外徒步

2018 年 10 月 20 日，爬台北观音山硬汉岭，海拔 600 多米，上有“硬汉碑”一座，是当年军人的体能训练之地，在山顶可俯瞰淡水流入台湾海峡

领队培训班的结业证书。大言不惭地说，我完全可以算是北大徒步协会的元老级成员了。

2012 年 8 月至 2013 年 9 月，我到美国康奈尔大学访问。康大校园坐落在曾被胡适译为“绮色佳”（Ithaca，现译伊萨卡）的风光旖旎的小镇上，经常被评为美国最美丽的大学校园。学校周边溪流环绕、山峦起伏、湖泊荡漾、峡谷纵横，而且河岸湖边、密林深涧中的徒步路线丰富多样，实在是令人流连忘返。我从 2012 年秋季开始，除了冰雪封山、天气恶劣、出差开会以外，基本上每周六或周日下午组织半天的户外徒步活动，累计下来也有 20 多次，颇受一些访问学者和学生的欢迎。时至今日还经常有访问过康大的朋友来信提及一起在康村周边漫游的愉快经历。

2013 年回国后，我开始组织北京园林徒步活动，主要在圆明园、颐和园、香山、北京植物园、元大都遗址公园等地活动，提倡适度运动、自然随意的生活化徒步理念，每次约 1–2 小时，徒步 5–10 公里，迄今已有 240 多次了。随后几年里我在访问美国俄克拉荷马（Oklahoma）大学、丹麦奥胡斯（Aarhus）大学、中国台湾大学时也经常在当地生活圈周边组织这类相对轻松、自在方便的徒步活动，如两次访问台大期间，在台北的徒步就有 50 余次。[1]

在徒步过程中，我的徒步理念也从最初的力争上游，追求更高、更快、更强的竞争性、专业化、挑战式，发展到今天不随便挑战极限、不走专业化道路、提倡日常生活化，并提出"三不""三随"的组织模式：不用报名、不必联系、不见即散，一切随性、随意、随缘。这个转变当然非常大，以至于北大教职工户外徒步协会的老朋友见到我或是叹息我误入"旁门左道"、自绝于组织之外，或是恭维"很潇洒、挺有个性和创意的嘛"，总之都有那么点儿道不同不相为谋的意思了。个中曲折也值得一番回味和反思，往小里说算是自己徒步的心路发展历程；往大里说，加上近年来学习传统太极拳的些许心得体会，也有一些中西运动文化之间比较和冲突的思考。

徒步第一阶段：力争上游，更高更远

北京大学教职工户外徒步协会由学校的专职体育老师领导负责，是个非常专业、高效、安全的组织。协会里的成员是否"少无适俗韵"不敢讲，但"性本爱丘山"还是说得过去的。大家喜好一致，同声相应，同气相求，经常利用周末、节假日在大自然中畅游一整天（通常是一大早集合上车去郊外，傍晚时分返回学校），虽然花费时间，也有些辛苦疲惫，却令人心旷神怡、十分愉悦。站在雄伟壮阔的古长城遗址上，我们一起追忆"秦时明月汉时关""今月曾经照古人"，感慨"但使龙城飞将在，不

[1] 参见朱效民，徒步台北：桃花源里有人家，《世界博览》，2017 年第 1 期；或者参见：北京大学教职工户外健身协会的网址：http://toeapu.pku.edu.cn/anniversaries/41#<http://toeapu.pku.edu.cn/anniversaries/41>。

教胡马度阴山”，评古论今，“江山如画，一时多少豪杰”；激扬文字，壮怀激烈，千年之下仍让人血脉贲张！面对大自然变幻无穷、美不胜收的景致，我们共同探讨，这个世界是由演化一点一滴、自然而然地累积而成，还是因为有一个全知全能、设计完美的造物主？有时候，山路旁一朵不知名的小花、树叶上一只不寻常的昆虫都会引来众人的欢呼、围观和拍照。中午聚餐时，大家拿出各自的干粮或自备的拿手好菜或小吃，常常有尝百家菜的欣喜。协会里有对夫妇，十分豪爽乐饮，每次野外聚餐时一定要大口喝酒、大块吃肉，“两人对饮山花开，一杯一杯复一杯”，青山绿野之中，秀色佐餐，酣畅痛饮，不亦快哉。

北大户外徒步协会也是个藏龙卧虎之地，里面有北大教职工运动会的1500米冠军、400米冠军、游泳比赛冠军，马拉松爱好者等（像我这种只是在学校运动会上拿过几个名次的根本就不算数）。所以每次徒步活动，整个队伍很快就自然而然地分为三个群体，第一个群体就是由这些孔武强壮之人组成的，个个都是英雄好汉，常常把另外两个群体远远地抛在后面。曾有一“强驴”每次爬山都会在背包里放一块大石头（给自己加运动量，简称“加餐”），每至山顶便取出展示于我们这些两股战战、气喘如拉风箱者面前。大家叹服之余一致建议：下次别带石头了，带一西瓜岂不更好？第二个群体算是正常人按中等偏上的速度行走。第三个群体就属于徒步活动里面的“老弱病残”人员了（在徒步过程中有人身体出状况，甚至受伤也并不鲜见），经常需要领队和“压后”不断催促、照应和帮忙背包了，否则很难按计划完成预定时间的徒步目标。

除了在当领队或“压后”（向导则需要始终走在队伍最前面）时必须不时照顾第三个群体，我每次都在第一群体中，而且大家会互相比赛，速度也会越来越快，导致领队经常通过对讲机要求向导停下来等待后面的队伍。记得有位化学学院的老师每次拄着两支徒步手杖，犹如多了两条腿，拉开架势启动起来简直给人以飞沙走石、腾云驾雾之感。这些人徒步，几乎没有时间看风景，也不屑于拍照留念，常常是只顾埋头赶路、行色匆匆，甚至一溜儿小跑着完成整个徒步活动，然后带着一副傲视群雄的神情等着后面的人到齐后乘车回家。老实说，始终保持在第一群体里我已经有点吃力了，但更让我难以认同的是这些争强好胜之人对大自然中不期而遇的美景并没有太多兴趣，好像只是来参加徒步比赛争夺名次或是来炫耀体力的。许多时候我很想停下来静静欣赏一会儿沿途

美国康奈尔大学附近的唐翰洛克瀑布公园

的风景，但囿于自己的好胜心，不甘心落于人后，只得心存遗憾地加快脚步，以免被甩出第一群体。

徒步界有句老话：徒步是一条不归路！正如同北大山鹰社的口号“存鹰之心，立志高远”，需要不断向更高、更远的目标进发挑战，不断刷新自己的徒步纪录和突破身体的极限。如今，协会里的徒步高手和“强驴”们有的已经登上了 8000 米以上的山峰，有的每隔一段时间就会到一些世界著名的徒步圣地去打卡，有的每年要跑几个全程马拉松甚至超级马拉松……他们一定也欣赏到了一些世界罕见、一生仅有的风景，也一定有过一些普通人从未体验过的或酣畅淋漓或备受煎熬的极限感受。这些稀世美景、极端体验也曾经在我心中激起过涟漪，虽不能至，心向往之。

2012 年 7 月，北大户外协会组织主力队员赴四川藏区的康定、甘孜进行徒步活动。我第一次近距离看到了 180 多米高、从幽深峡谷拔地而起的桥墩，整个大桥犹如凌空飞翔于高山之巅，真可谓“一桥飞架南北，天堑变通途”。在高原的崇山峻岭之间，一条乳白色的溪流犹如水银泻地，奔腾而下，给静谧安详的高原增添了几分“万山不许一溪奔，拦得溪声日夜喧”的热闹和生气。溪流两岸的石头竟然都是红色的（每块石头都覆满了红褐色的类似苔藓类的生物），迎着溪流仰望远处巍峨高耸的峰顶，在云雾缭绕之中、烟霞升腾之际，蜿蜒的溪流犹如一条红丝带时隐时现，飘渺而上，直通天庭，这可真是天有多高，水有多长了。站在海拔 4000 多米的高原上，面对“欲与天公试比高”的自然造化、鬼斧神工，很难不心生敬畏，“不敢高声语，恐惊天上人”。藏人对宗教的虔诚，大概也与他们的居所与天庭如此之近有些关联吧。

一次单位组织去秦皇岛附近有“北方小黄山”之称的祖山地质公园开会。“人间四月芳菲尽，山寺桃花始盛开”，会议期间自然也要踏青探幽一番。研究室里一位旅游达人自告奋勇带领我们进入了密林深山之中，谁知不久即迷失方向，无论往哪个方位走，即使爬上山顶，在高大茂密的森森林木之中也最多只能望见巴掌大的一片天空，更看不见山下的任何风景，让我们切实地体会到在大自然面前人力是何等的渺小。正在焦灼之时，突然一大片花海吸引了所有人的目光：这片不知名的林下之花长得有齐腰高，每株花都绚丽缤纷、婀娜多姿，整片花又汪洋恣意、热情奔放，在没有任何人工的干预和雕琢之下，一股天然、野性的自然之美无拘无束、自由自在地完全绽放了出来。没有人采摘花朵，谁都不忍心打扰这份美丽。“山中发红萼”“纷纷开且落”，就让这山中之花自由自在地绽开、撒落吧。大家不由得感叹，要不是因迷失方向而远离人工的道路，又岂能有幸遇见如此非同人间的美景。“不入虎穴，焉得虎子”，看来美景与风险也是成正比的啊。

话分两头，野外徒步当然不仅是阳光美好的一面。徒步界还有一句常被引用的话是“有年老的登山者，有胆大的登山者，但没有既年老又胆大的登山者”。随着徒步的深入，我一方面对这些更高、更远的目标产生了怀疑，渐渐失去了原有的兴致，另一方面也有了一些不同的感悟和体会。

一次在深秋的季节去爬海淀区的最高峰阳台山（海拔1200多米），由于向导两周前探路时没有意识到会封山，结果只好绕远道从一条偏僻的小路进山，在返回时与司机联系又出了状况，只得又绕回一条远路才上车。最后算下来，当天我们除了爬山垂直上升800米以外，还走了38公里的山路，破了协会的纪录——据说这个纪录保持了好几年。这一天的运动量即使对我们老队员来说也很有一些吃不消，腿酸脚痛整整一周才恢复。几个首次参加徒步的老师估计是走“废”了，因为以后再也没有见到他们的身影，他们对户外徒步大概只有痛苦的挑战身体极限的回忆了吧。另一次爬小海坨山（海拔2200米），有位驴友本来膝盖有疾，下山时更是疼痛难忍，不得已只能背对着下山的方向一步一步地退着走。由于山路崎岖狭窄，协会也只能安排前后两人扶助一下，实际上帮不上多大的忙。先下山的我们也纷纷返回到不同的路口帮助引导方向。最后在傍晚时分这位驴友终于下来了，他告诉我们他只能从裤裆底下看到一点路，然后就这么从2000多米高的地方一点一点挪了下来。有人感动莫名，强烈建议协会应该光大发扬这种“从裤裆底下探路”的徒步精神，在回程的车上还引发热烈讨论，但最后大家觉得尽管精神可嘉，但着实有点儿不雅，只好作罢。

门头沟的黄草梁风景绝佳，我先后去过3次，每次回来都会伤风感冒一两周才恢复，令人怀疑这到底是在健身还是伤身？分析主要原因，一则作息时间突然改变，运动量骤然加大，一天近十个小时上山、下山，身体非常不适应；二则装备不行，经常是爬山过程中大汗淋漓，里面衣服湿透了，外面因为山风凛冽、冷雨横飞而包着透气性很差的冲锋衣或雨衣，内湿外冷，痛苦难挨，严重影响了徒步的兴致。在黄草梁的山路上，有一座用石块垒起来的坟，是为了纪念中央电视台一位在徒步和夜宿黄草梁时因失温而去世的年轻女记者。每次路过大家都会绕坟一圈表达敬意，也深切体会到户外徒步的风险。而在上述祖山密林中迷失方向的经历（后来我们偶然听到了山下一声汽车喇叭的声音，才确定方位，在丛林灌木中几乎是连滚带爬地下山回到了马路上），也让人事后心生恐惧：轻率地去挑战大自然是一件多么不明智的事情啊。

在康定 2800 米的高原上夜宿时，我整晚每分钟心跳都在 100 次以上。我还不是最高的，一位大四女学生的心跳每分钟有 120 次，估计她整个夜里都睡不着了。可我下铺的那位每年在学校运动会上拿 1500 米冠军的“强驴”战友，每分钟心跳只有 50 次（平时 40 次）。这让我面对面地认识到人和人的身体素质是多么的不一样。我为什么要用自己两倍的心跳去和这帮天生强大的家伙较劲呢？尤其在这空气稀薄、心脏狂飙的高原上，拿自己的小命去竞赛，简直不啻为找死。

近年来，户外徒步风起云涌，蔚为大观，“因为山在那里”“亲近自然，挑战自我”“世界这么大，我想去看看”等口号吸引、激励了无数的普通人向着“更高、更快、更强”的人生目标不断发起新的挑战，奔着人迹罕至的高山大川义无反顾地探险突进。北大徒步协会里的一位巾帼英雄就自豪地宣称：“我就是喜欢野外背包，不喜欢 LV！”现如今，不但野外徒步、探险少长咸集、群英荟萃，全马（全程马拉松）、超马（超级马拉松）、百马（跑 100 个甚至 200 个、300 个马拉松……）也蓬勃发展、蔚然成风，完成 7+2（爬上世界 7 大洲各洲的最高峰，徒步走到南极、北极的极点）、加入 14–8000 俱乐部（成功登顶全世界 14 座 8000 米以上高峰），也成为徒步圈中许多人津津乐道、念兹在兹的时尚目标。2014 年《美国国家地理》曾报道，国际登山界公认的“8000”俱乐部成员数已超过 30 人，当时因为没有中国人的名字还引发了不小的争议。[1] 到了 2018 年 9 月，“国人总算松了一口气”，因为 14 座 8000 米雪山俱乐部一下子迎来了 4 个中国人。[2]

在这股“声趋千骑疾，势卷万山

---

[1] “14 座 8000 米高峰俱乐部人数超 30 无中国人引争议”，http://www.lis99.com/zixun/detail/751（最后访问时间：2019 年 5 月 5 日）。

[2] “14 座 8000 米雪山俱乐部，一下子迎来了 4 个中国人！”，http://sports.eastday.com/a/180929175642691000000.html（最后访问时间：2019 年 5 月 5 日）。

来”的户外徒步狂热大潮中，连世界最高的珠穆朗玛峰都被卷入其中。据登山史学家埃伯哈德统计，在2000年以前，一天内登顶珠峰的人数从来没有超过50人，而仅在2012年5月19日当天，就有234人登顶珠峰，[1]由于山路陡峭狭窄，还造成了“交通堵塞”。许多人还反复登顶珠峰，截至2019年5月，个人成功登顶珠峰次数的世界纪录被刷新为24次。[2]真不知道这种挑战的尽头在哪里？从逻辑上说，不把自己“玩废”（受伤致残）了，甚至“玩挂”（死亡）了还真停不下来，因为无法确认自己的极限究竟在哪里——这种踏上“不归路”的徒步运动本质上可谓是一种“找死”的运动啊！时至今日，在珠峰高海拔的登山路仍有逾百具运不下来、低温下难以腐化的登山者遗体——过去50多年里已有近300人死在了登顶珠峰的路上，在2019年5月23日珠峰最新一次“大拥堵”中就有3人丧生。[3]在每年4月到6月的珠峰登顶“窗口期”，约有7万到10万名“游客”聚集在珠峰大本营，在欣赏、体验珠峰伟岸神奇的同时，也毫不犹豫地将各种人类垃圾留在了珠峰。这使得珠峰这片曾经最圣洁的雪域净土，如今却成了海拔最高的垃圾场，迫使珠峰大本营不得不对蜂拥而至、越来越多的“游客”关闭。[4]今天，在去往西藏的沿途，无论是川藏线还是青藏线上，尤其在那些最佳观赏点附近，随处可见各种垃圾。不时有一些塑料垃圾堆在河谷来不及处理，流进了澜沧江、金沙江里，最终被污染的水源，又回到了人类的肚子里……波兰诗人斯坦尼斯洛（Stanislaw Jerzy Lec）有一句名言：“雪崩时，没有一片雪花觉得自己是有责任的。”而且，越是人迹罕至、风景绝美的地方，往往生态环境越是脆弱，一旦遭到人为破坏也越难以恢复。大自然似乎已经越来越无法承受世人这股只知拼命向前冲、却不懂如何收住脚的户外徒

[1] “珠穆朗玛峰有没有被登顶？”，http://www.360doc.com/content/17/0903/09/503998_684286083.shtml（最后访问时间：2019年5月5日）。

[2] “李月霞，尼泊尔一登山者第24次登顶珠峰　一周内二刷纪录”，http://www.zaobao.com/realtime/world/story20190521-958306（最后访问时间：2019年6月19日）。

[3] “珠峰拥堵死亡地带出现拥堵，迄今已有14人死亡”，https://gongyi.ifeng.com/a/20190527/45506458_0.shtml（最后访问时间：2019年6月19日）。

[4] “300具尸体，12吨屎尿，珠峰封山！”，https://baijiahao.baidu.com/s?id=1625706571023757006&wfr=spider&for=pc（最后访问时间：2019年5月5日）。

步狂潮了。恩格斯早就警告过："我们不要过分陶醉于我们人类对自然界的胜利。对于每一次这样的胜利，自然界都会对我们进行报复。"赫胥黎也曾叹息道："人类从历史学到的最重要的教训，就是人类没有从历史中吸取任何教训。"

目前中国大陆每年各城市举办的、在中国田协正式登记的马拉松比赛就有300多场。2019年4月第123届波士顿马拉松比赛上，中国有近千名选手参赛（是2017年的3倍还多），并引发了造假风波。[1] 2018年台湾总共有700多场路跑活动（路跑的概念范围更广，可以包括从超马到迷你马拉松，如4.2公里的各种马拉松赛跑），平均每天两场，而参与者身体受伤甚至猝死的事件也时有耳闻。2016年3月20日，广东清远举办的马拉松赛，共吸引了来自14个国家和地区的近两万名选手参加，结果当天有12 208人接受治疗，堪称最"受伤"的马拉松。[2] 号称"地狱马拉松"的撒哈拉沙漠马拉松长度是普通马拉松的6倍，参赛人员必须在6天内跑完251公里，报名费更是高达2200欧元，其中明文规定包括运尸费（其风险性由此可见一斑）。[3] 该项超马每年都有40%左右的选手中途选择放弃，而且35%是带伤退出。此外，百岁老人跑马拉松、高跟鞋马拉松、变装/异装马拉松等花样迭出，真可谓挑战极限没有极限，新奇、刺激没有止境，但离健康、安全的理念是否已经越来越远了？

协会里的"老驴"曾好心地告诫大家，徒步手杖1000元以下的基本上都是假货，而20万元一辆的山地越野自行车也不是什么稀罕事了。徒步是一条不归路，"能力不足装备补"（用台湾话说是"输人不输阵"），为徒步砸银子也是没有止境的。笔者刚加入北大徒步协会时，有体育老师告知，只要交20万元人民币作为后勤保障费用，一般健康之人都可以登上珠峰，这早就是成功的模式化商业运作了。2018年5月，北京大学120年校庆，协会成员登上珠峰的费用达到人均58万元人民币，已是

[1] "近千名中国选手参加波士顿马拉松 部分被指伪造成绩"，https://baijiahao.baidu.com/s?id=1631044312975142877&wfr=spider&for=pc（最后访问时间：2019年5月15日）。

[2] "最'受伤'的马拉松2万人参赛1.2万人接受治疗"，《武汉日报》2016年3月24日，http://sports.ifeng.com/a/20160324/48175633_0.shtml（最后访问时间：2019年5月6日）。

[3] "世界最危险比赛，完成需要6天时间，报名费包括'运尸费'"，https://baijiahao.baidu.com/s?id=1618996043622931384&wfr=spider&for=pc（最后访问时间：2019年5月6日）。

几年前的3倍了。实际上，花费破百万的登山者也不是个别的了。一些市场嗅觉灵敏的登山探险公司还不失时机地推出了“豪华登山”服务：不仅可在几千米高峰上享受顶级美味儿的寿司，“喝着香槟和咖啡登珠峰”，而且还提供由五星级大厨亲自掌厨的服务。圈内的职业登山者们私下都感慨不已，今天的珠峰已变成了一个逐渐远离运动精神和宗旨的富人俱乐部：“能力不够，花钱来凑”“只要有钱，夏尔巴人能把你抬上珠峰”。日本有位年逾八旬的老翁成为世界上最年长的珠峰登顶者，他为此募集的资金超过600万元人民币，还配备了一个包括专业向导、医生、厨师在内的30位工作人员团队。[1]试问，这样的所谓珠峰攀登纪录，是在挑战人类的极限呢，还是在挑战金钱的极限？

在北大徒步协会的实践体验以及从健身科普的角度对户外徒步的关注和思考，越来越引发笔者的担忧和疑虑：这种倡导挑战身体极限、推崇更高更远的专业化徒步模式适合向普通大众广泛推广吗？身体的极限之为极限，是普通人可以一再随便挑战的吗？从上述简要的举例分析可以看出，一些极限徒步运动不但明显地伤身（甚至害命）、劳财，而且可能危及一些脆弱而重要的生态环境。是否应当继续鼓励一般公众大量参与？户外徒步还有没有其他可能的选择？

徒步第二阶段：在地体验，享受徒步

在康奈尔大学访问一年期间，我开始尝试组织周末半天在康村周边的徒步活动，一方面把运动量和徒步时间都大幅减少，亦无须支付任何费用；另一方面负重（只需带少量“路食”和饮用水即可）也大大减轻（当年爬小海坨山时遇到一支队伍，人人背着40千克的装备上山露营，让人担心他们到达2200米的山顶后大腿和膝盖还能否听使唤），而且不需要在野外进餐——尤其是冬季，喝着西北风就餐绝对是一种痛苦的经验，并明显增加身体的不适感。此外，通过徒步，我们不但深入地认识、欣赏了在地的自然风光，还把徒步和文化交流、参观甚至购物结合了起来，使徒步的内容更加丰富多彩，而不单纯是为徒步而徒步。

孔子曾鼓励人们“多识于鸟兽草木之名”（《论语·阳货》），康大的中国访问学者有许多来自农业院校，徒步

[1] “珠峰绝命产业链：花40万就能登顶，但不保活命”，http://www.ifengweekly.com/detil.php?id=7857（最后访问时间：2019年6月19日）。

过程中遇到一些奇花异草很方便就近请教。不过，在美国徒步让人印象深刻的还是中西方文化的差异。

一次路过一大片空旷的草地，看见一块牌子，上书："此为私人领地，擅闯者将在没有警告的情况下遭到枪击"。这还没完，更让人毛骨悚然的是下面一行字："幸存者将会再次受到枪击"。过后心有余悸地问来参加徒步、不会说一句中文的美籍华人女博士生，她也只是大概判断说"这应该算玩笑话了"。尽管如此，也让我们实实在在地体会到"私人财产神圣不可侵犯"的含义了。近两三年，在俄克拉荷马大学周边徒步时，偶尔可以看见腰间携带或大腿上绑着手枪的普通民众，让人不免产生一种紧张情绪，也真实地感受到美国独特的持枪文化。至于在野外徒步时路过一些河边的裸体浴场所见到的场景，则带来另一种异国情调的视觉震撼。

2013 年 7 月初，康奈尔大学邀请访问学者参观波士顿并欣赏美国的国庆焰火，我趁机组织了一次去哈佛大学的徒步活动。我们从中国城出发，沿着查尔斯河（Charles River）经过 7 座桥，顺路参观了波士顿大学（回程又穿过麻省理工的校园），来回 6 个多小时。夏日炎炎，气温高达 37℃，酷暑难耐，一起徒步的 3 位男士纷纷打起了伞。但奇怪的是，艳阳高照之下我们没有看到一个美国人打伞。好不容易在哈佛校园遇见一位打伞的女士，仔细一瞧还是个亚裔面孔。返回康大后我向美国的合作教授布鲁斯（Bruce）提起此事，他给我耐心解释美国人（尤其是男士们）太阳再大也绝不会打伞的原因后，痛心疾首地叮嘱我："Never do it again！"（千万不要再打伞了！）好像我给他丢了很大的人似的……2018 年 5 月，我访问台湾大学时报名参加了一次台大登山协会组织去淡水观看落日的活动，到达集合地点后，淡水炽热的夕阳正好横扫过来，浑身上下犹如着火。考虑到台湾尽管很传统，但也是个非常西化的地方，我有点儿纠结要不要把伞取出来。正犹豫间，不远处一支徒步队伍雄赳赳、气昂昂地走了过来，领头的几位个个高大壮硕，一望便知是登山健将。不过依照美国教授的说法，严重影响男士雄风的是这群彪形大汉手里都擎着花色各异的伞。要知道，台湾大学的教授们基本上都是沐浴过欧风美雨的，但他们手里的伞让我进一步意识到台湾社会虽然不乏西洋格调、异国风情，但中华传统同样根深蒂固、枝繁叶茂，而且有意思的是这两者可以并行不悖、和谐共处。

在康奈尔大学鸟类实验室的开放日，我们徒步前往参观。鸟类实验室就建立在最初的一片鸟类栖息地上，以便随时随地观察各种鸟类原生态的自然、本能行为。管理员介绍，时至今日，那些鸟窝都没有什么改变。紧挨着一条小路，有只加拿大雁正在孵蛋，我们一群人陆续从它旁边擦身而过，这只大雁始终气定神闲、目若无人，似乎连眼皮都没有抬一下。仅此一例，就让人不得不叹服美国生态环境之优良，人和动物关系之和谐。

在康大经常可以看到学生和社区居民在跑步健身，但有很多人是在笔直的马路上跑，这让我有点不解：学校旁边就是又大又漂亮的康大植物园，里面曲径通幽、花木繁盛的小路无数，为什么偏偏要在有污染又危险、地面坚硬且毫无乐趣的马路上跑呢？禁不住好奇心，有一次问了马路上的一名跑步者，答曰：因为要参加马拉松比赛，需要控制好跑步的节奏、时间以及感受在真实的参赛路面上身体的反应，而植物园里的小径高下起伏、曲折往复，很难找到比赛的感觉。我听后不免感慨万分：这种跑步健身岂不是被马拉松绑架了吗？

2013年春，冰消雪融，春意盎然。我们到一片平地阔叶林徒步，有两男一女参加。但走着走着，由于缺乏参照物，林下又多歧路，我们有点搞不清楚方向，在林子里转来转去。虽然林间阳光明媚、风景如画，但女士渐渐不满，对老是走回头路而抱怨连连。我们两个赶紧发扬绅士风度，一个帮女士拎包，一个拿着女士因为天热脱下来的大衣，但这仍不能减轻该女士越来越疲惫和烦躁的心情，感觉她已经快到大发雷霆的边缘了。不知怎地，我们终于走出了那片林地，来到了一个巨大的沃尔玛超市。的确非常辛苦和疲乏，我提议休息一下。令我们大感意外的是，那位女士转瞬间精神抖擞、容光焕发，飞快地推着购物车在各个高大的货物架间穿梭往来，动作麻利地买了一大堆蔬菜、水果、日用品，外加10包各1磅的意大利面条（1包1.4美元，10包则只要10美元）。我担心地问她能否都带回去，她面露难色，于是我帮她分担了5包面条。这事让我们颇受启发，一则访问学者多数没有汽车，购物是一个大需求；二则把终点设在沃尔玛，不仅方便大家采购，我们走的路线也能更长一些（不需要走回头路了），欣赏更多的风景，而返回学校可以坐公交车回去（沃尔玛都有公交车站，赶在最后一班车前就没有问题）。以后我们多次把徒步的终点设计在康大周边不同地点的沃尔玛超市，很受大家欢迎（徒步活动本身并不包括购物，不愿购物的可提前坐不同班次的公交车回去）。一位上海技术应用学院的教授多年后还来信提及："康奈尔的徒步记忆非常开心，令人怀念！记得您曾把徒步的终点定为沃尔玛超市，对我们这些女同胞来说颇有些望梅止渴的效果，也足见您的细心和幽默！"看来，把在地徒步和生活需求结合起来是一石二鸟、事半功倍的做法。

此外，我们的徒步也是一个访问学者和学生广泛交友、交流信息的平台。这不仅体现在学术交往方面，如徒步过程中不同领域的学者交流、讨论一些研究课题和实验进程；也表现在日常生活中的信息交换和互动，大家认识后经常在节日期间相互走动、请客吃饭。我访问的是康奈尔大学的一个文科系，当年基本上没有中国人，信息匮乏，加之没有车，无法去更远的中国城购物。记得由于买不到辣椒，刚到美国的前几个月都没有吃到辣味，日常佐餐只有咸甜两味可资调遣，几无乐趣可言。2016 年暑假，我在奥胡斯大学访问时，来参加徒步的一位明显食欲不振的中国博士后用简洁有力的四个字概括了丹麦的饮食："死咸，死甜"——真是于我心有戚戚焉。曾有留学生总结，中国人在国外长期生活最大的困难就是吃饭问题，对此我深表赞同。好在一次徒步时，来自台湾的一位访问学者告知在阿尔迪连锁店有尖椒售卖，我立刻冲过去买回一大包辣椒。当晚便觉胃口大开，世界美好！鲁迅说过，一顿饭足可以改变一个人的世界观。真乃至理之言也。

康大法学院当时新聘了一位来自香港的讲座教授，年薪 20 万美元（美国普通教授大概七八万美元），他因为失眠问题来参加我们的徒步。一聊天得知，他出生成长于甘肃，与我还算是西北的老乡，顿感亲切，相谈甚欢。那次大约四五人，徒步结束时已是傍晚，刚好路过一家麦当劳店，教授执意请我们一起吃汉堡包，大家也都十分仰慕教授的学识，恭敬不如从命。虽然教授请客总共只花了二十多美金，但当晚我还是写信恳请他以后不要再请客了，因为这无形中会增加其他参与者的压力。我们的徒步原则之一是尽可能地简单化，不给大家添加任何额外的、不必要的压力，使每一位参与人员能够来者轻松，去者无挂。

平心而论，在美国组织徒步活动并不轻松。主要原因在于，周末半天的徒步一般要走 15 公里左右，而且通常会有些山路，对没有徒步经验的人来说可能仍是一个挑战。所以事先报名，尤其是对初次来参加的人进行一定的交流了解和严格仔细的筛选还是十分必要的，以绝后患。好在"绮色佳"风光秀丽，景观多元，我们不必到太远的地方就可以饱览美丽的湖光山色。有位上海的老师最近来信：“时常聊起在康奈尔的徒步经历，感叹在国外风清气爽的自然环境中可以随时出发是多么幸福！”另一位大庆的访问学者经常参加我们的徒步，他利用暑假周游一圈美国的若干旅游胜地后不禁感慨道：“黄石公园也不过如此，与咱们在这里徒步看到的山水、森林没有什么两样。”不知他是在恭维，还是悟出了在地徒步同样有“一沙一世界，一花一天国”的妙境？康奈尔大学的“东亚计划”（East Asia Program）专门负责中、日、韩/朝等国的语言学习、学术交流、研讨会及各种相关文化活动的举办。该计划的负责人多琳（Doreen）女士起初觉得我们的徒步活动并不能代表中国文化，但随着她对我们徒步理念的了解（如在地的活动、适度运动、不挑战身体极限等），以及徒步活动的持续进行和参与人员越来越多，多琳非常热心地帮我修改徒步通知的英文部分，并从2013年下半年开始每周都把我们的徒步活动通知放在“东亚计划”的新闻网上，使我们在“绮色佳”的徒步也成为丰富该计划里国际文化交流的一部分。

徒步第三阶段：随缘随意，自然自在

2013年9月，我结束美国的访问返回北京，打算把徒步活动继续长期办下去——这也成为我自己常规的健身方式了。但有如下几个问题需要认真地考虑，一是北京的雾霾天气，使我们无法提前有规律地预定徒步时间（记得最长的一次雾霾持续一个月之久）；二是徒步地点的选择；三是徒步的组织程序必须继续大大简化，否则难以坚持下来。

针对第一个问题，由于北京的天气预报不包括雾霾的情况（即使有预报也不会太准，这不是科学技术能够完全解决的），我们只好依靠自己的生活经验。每天我会习惯性地从7层顶楼家中的北窗往外瞧一瞧，看能否望见远处北面郊区的群山。如果山的轮廓很清晰，那应该是个徒步的好日子，时间允许的话我会当天组织徒步。为此，我把自己的家称作“望山阁”，有时候在家中看书告一段落，也会在书页上写下某年某月某日于“望山阁”。但是，由于一年的大部分时间实际上是看不大清楚也看不见山的，所以又只好如实记作“望不清山阁”或“望不见山阁”，免得自欺欺人。有几次发现上午天气还不错，到了下午又变差了，真是当天的计划赶不上随时的变化，所以只好把发徒步通知的时间定在了下午。偶尔会有人抱怨发通知和徒步的出发时间间隔太短，但了解情况后常来参加徒步的朋友也就养成了一个习惯：天气好的时候会及时查邮件看看有无徒步通知。记得有一次我只提前了20分钟发通知，居然还有一人赶来参加圆明园的徒步。具体的徒步时间，几经波折我们定在了公园关门那一刻（北京园林一般都有关门时间和闭园时间，前者是禁止外面游客进入公园的时间，后者是要求园内游客离开公园的时间，我们就在这两个时间之间活动，因为游人比较少而可以更好地欣赏风景），一则基本上都是在傍晚，大家都下班或下课了；二则避免有人迟到或抱怨表不准（这其中的故事和经历曲折而复杂，一语难尽，容日后再表）；三则借用描述杭州西湖的一句话：晴湖不如雨湖，雨湖不如夜湖。

针对第二个问题，北京显然不似“绮色佳”般地广人稀、处处皆景。但北京有不少皇家园林，保存良好，傍晚时分游客稀少，景色同样迷人。我们徒步次数最多的公园是“性价比最高”的圆明园，不但离北京大学近（从校园东北门骑自行车5分钟可达，为此我们提出了“把圆明园变成我们徒步的后花园”的口号），而且面积大、景观种类丰富，圆明园号称“万园之园”绝非虚名也。曾有一研究生在3年期间和我在圆明园徒步达数十次，毕业前问他能否自己独自进园再出来，答曰不行，因园子太大，地形地貌复杂多变，而且老是傍晚跟着走，记不住路。其他如颐和园、香山、北京植物园、元大都遗址公园等可根据时令和大家的要求进行调整，如春天到植物园赏花，秋天去香山登高、赏红叶等。如果有外地或外国朋友想看皇家园林的古建筑，则去颐和园最佳。不同于其他封闭的皇家园林多给人以怀古探幽之情，进园犹入深山，元大都遗址公园处处都是开放的，绵延达9公里、似有还无的古城墙遗址与多姿多彩、喧闹躁动的现代市井生活已经交织融合成一体。沿着所谓的“城墙”或在“城墙”之上迤逦而行，颇有古今交错、时空穿越之感，别具一番风味。

本着来者不拒、去者不追、随缘随意、自然自在的原则，徒步的组织模式确定为“三不”“三随”：不用报名、不必联系、不见即散，一切随性、随意、随缘。尽可能使组织者和参与者双方都感到轻松自在、无拘无束。但常有人不解其中风味儿，收到徒步通知后要么誓言旦旦地回复说一定会来（但往往没有了下文，反而给我增加负担），要么表达歉意，解释一番无法赴约的原因。其实徒步通知并非一个约定，只是一个没有任何约束的缘分，来或不来，任由方便，所以不用报名、不必联系。而时常让人觉得有点儿不近人情的“不见即散”，其实亦能自圆其说——即使没有遇见，公园里也很安全，自己独自走一走，也不算白来。对我自己而言，借用一句流行小诗，取法乎上："你来，或者不来，我都在那里，不悲不喜，不增不减。"

至于随性、随意、随缘，先说随性。有人天生不爱运动，记得读研究生时宿舍里曾有个同学，除了到教室上课、去食堂吃饭，几乎都在床上躺着，他的养生理念是"千年的王八，万年的龟"，崇尚静养，拒绝运动，身体似乎也没什么毛病。有的朋友又觉得徒步运动量太小，对适度运动的理念嗤之以鼻，更喜欢激烈一些的健身方式，最好能够大汗淋漓才叫痛快。大家只好各自随性，各美其美。经常来参加徒步活动的多少还是喜欢、欣赏我们的理念和原则的，但光有主观意愿——随意——也还不够，比如临出门来参加徒步时可能又被什么事给耽误了，所以还得随缘。"三不""三随"想表达的就是大家因缘际会，缘起缘灭，别太上心，"本来无一物，不必惹尘埃"。

我的徒步理念逐渐从竞争性、专业化、挑战式的，转变为如今不随便挑战极限、不走专业化道路、日常生活化的。这其中，既有长期徒步实践的具体体验，也有近年来学习传统太极拳的些许感悟，还有一些对中西运动文化之间比较和冲突的思考。

首先，不随便挑战极限。这包括两个方面，一是不随便挑战身体的极限。对于普通的个体而言，身体极限之为极限，本就不应该随便去挑战，更不应该成为普通人日常生活的常态。太极拳盘架子有一个重要原则是中正安舒，怎么舒服怎么打。人生贵在适意，找到自己的安和方便之处即可。普通人挑战身体极限一则没有什么意义，充其量只是与自己或别人反复进行低水平的较劲，与职业运动员借着自身的天赋和专业训练，代表人类群体所挑战的极限完全没有可比性；二则由于缺乏系统、科学的训练和保护，普罗大众随便挑战身体极限所潜藏的风险可能非常高。当然，"不随便"也表明，如果具备了天时、地利、人和，我们也并不排除较高强度的健身方式。正如"中庸"其实也不完全拒绝极端，并非只是处于"中间平衡"的静止状态。二是不随便挑战自然的极限。我们并不否认"无限风光在险峰"的可能性，但我们重视和欣赏日常生活周边的一山一水、一花一木。上过蜀道（"蜀道难，难于上青天"）、翻过天山（"明月出天山，苍茫云海间"）、经过三峡（"两岸猿声啼不住，轻舟已过万重山"）、梦游过天姥山（"半壁见海日，空中闻天鸡"）的李白，最心仪的山却可能是敬亭山："相看两不厌，唯有敬亭山"。2018年春，我在台北图书馆听了一个关于李白诗词的讲座，演讲者——一位大学中文系的教授——说自己亲自跑到敬亭山去实地看了看，感觉敬亭山一点都不雄伟，非常一般，甚至有点失望。我不免感慨，这位教授似乎对李白和敬亭山的理解都有一些问题。唐代的刘禹锡在《陋室铭》中早就说过“山不在高，有仙则名；水不在深，有龙则灵”，对于中国文人来说“闭门即是深山”，“五岳寻仙不辞远，一生好入名山游”的李白什么险峰峻岭没有见识过，他喜爱的敬亭山又何必雄伟呢？生活周边其实处处有美景、时时藏妙境，“看似寻常最奇崛”，何必非得要“上天入地”，既折腾自己又折腾自然呢？我们更需要的也许是发现美、想象美和欣赏美的眼光和心灵吧。圆明园的福海里有一座蓬莱仙岛，常给人一种“桃源望断无寻处”的无奈和想象，如果你硬要想方设法去实地查看，那一定会失望的。因为实际上“蓬莱仙岛”与圆明园的其他景点相比并没有特别之处，它扮演的是一种远观、引申和想象的角色。中国园林中人与自然浑然一体、和谐并存、虚实相映的意境设计，与“我来了，我看见了，我征服了”所代表的与自然对立、对抗，讲求主客分离的所谓“客观”“实证”的西方文化是完全不同的。就徒步运动而言，西方的健身文化常常是通过对抗他人、挑战自然来证明自己，而中国的传统健身形式如太极拳、气功等，往往更重视内在的自得和自我感受，是本自具足、本自圆成、自我证明的，无须靠打败别人、征服自然来证明什么。这样一种健身思维和运动方式在今天不是非常值得借鉴和思考吗？

其次，不走专业化的道路。这句话在我们徒步通知中的完整表述是“我们积极学习专业化的知识，但不走专业化的道路”。我们不拒绝对徒步专业知识和技能的认真学习和随时积累，但我们警惕专业化的趋向，不会无止境地向着“更高、更快、更强”的目标前进，而是知道自己应该在什么地方适可而止，享受我们自己的徒步，而非他人的徒步，以及所谓专业化、标准化的徒步。曾经读到一份材料，其中提到世界游泳冠军宁泽涛赴海外训练，在国际著名教练的严格指导下，运动量大到“每天呕吐 8 次”，“相当于每天至少要爬香山十几个来回。”[1]北京的香山我们爬过不下 20 次了，根据我个人的多次体验，呼哧带喘地来回一次起码要一个多小时，而且绝没有动力一天爬两次。宁泽涛一天至少爬香山十几个来回，而且日复一日，

[1] “宁泽涛训练到一天吐八次　称不适合娱乐圈”，http：//ent.sina.com.cn/s/m/2016-11-08/doc-ifxxneua4404739.shtml（最后访问时间：2019 年 5 月 15 日）。

说明两点：第一点，他实在太强大了；但更重要的是第二点，他再强大也不算什么，因为“更高、更快、更强”的运动理念很快就会把他摧毁，所以阳光帅气的“顶级体育偶像”宁泽涛如同昙花一现，年纪轻轻就退役了。[1]

不走专业化的道路也意味着，徒步作为普通人的健身方式，不必太专业、严格和系统。记得十几年前我在北大读研究生时，几乎每座宿舍楼旁都有一副单杠或双杠，每次经过顺便做几个引体向上、曲臂支撑甚或悬挂一会儿，身体感觉都非常好。现在似乎受美国体育文化的影响太大——我在康奈尔大学以及俄克拉荷马大学访问时，在偌大的校园里从来没有见到过一个健身的器械设施。如果使用器械健身就只能去体育馆，还必须办理会员卡、穿规定的专业运动服装和鞋子，否则连门都进不去，甚至还要请专门的教练有针对性地安排健身计划和健身进度时间表，并且花费不菲，这对普通大学生来说真有点儿“无故一本正经”的味道。北大的健身设施都集中在一两个地方和体育馆里，非常不方便。

我们的北京园林徒步可以根据天气随时出发，徒步地点任意选择，徒步时间和距离可长可短，行进速度可快可慢（有一次我带着两个年轻的研究生差不多是在公园里跑了一个小时），完全不拘泥于形式。曾有同行者抱怨每次在圆明园徒步的路线都不太一样，以至于走了很多次也记不住，我说为什么要按固定的路线走呢？为什么要记住具体的路线呢？有个大概方位就足够了。徒步可以根据瞬息变化的风景、心情，以及人数的多寡、参与者的不同而随时随地进行调整啊。而且，根据我们多年的徒步和观察经验，在园林里越是游客不常去的小路，周边的风景之美越是有一种自然的和谐与天然的韵味，为什么要受制于那些众人趋之若鹜、一哄而上的所谓经典路线或热点风景？

不走专业化的道路还意味着，不过度追求装备方面的专业化，更不必“能力不足装备补”，没完没了地往里砸钱。我们在北京园林的徒步只需一双舒适点儿的鞋就够了，而且因为每次大概只走一到两小时，连“路食”和水都不必带了（我曾多次建议大家最好连手机都不要带，轻松自在地享受在“大自然”中的徒步）。如同“举手投足皆太极”的太极拳大师穿着西装、皮鞋甚或拖鞋也

[1] “宁泽涛突然退役有悖常理！谁‘扼杀’了这位非典型体育偶像？”，https://baijiahao.baidu.com/s?id=1627252555268348642&wfr=spider&for=pc（最后访问时间：2019 年 6 月 19 日）。

可以打套路、盘拳架，生活化的徒步在服装方面也可融入日常生活，不必小题大做地搞专业化的“金玉其外”。在野外徒步中有一个十分有趣的现象——越是穿着高档服装和带着高级装备的，很可能越是“输人不输阵”，徒步经验和能力往往较差，身体比较容易出状况。经历丰富、眼光毒辣的“老驴”通常会远远地躲着他们，以免被拖累。有一年北大徒步协会组织青海湖环湖徒步，按计划走4天，每天30公里（3年走完整个环湖）。参加者中有一位大公司的CEO，从头到脚一身高级名牌，光彩照人，气宇轩昂。据说仅高档冲锋衣裤的价格就在2万人民币以上。但他走了不到5公里就爬上后勤保障车辆不走了，结束了原定4天120公里的徒步。

再次，徒步日常生活化。这表现在我们的徒步与日常生活没有什么隔阂，只要天气好，随时随地可以出发，也可以随时回归日常生活。不需要出发前事无巨细的烦琐准备甚至专业化的长期体能适应训练，也没有事后精疲力尽、腰酸背痛的缓慢恢复。徒步的地点也不完全脱离自己和他人的生活圈，往往只是暂时性地切换了日常生活中的一个角度、方位和形式，而这常常也可以带来不同的观察视角和新的思考。2016年初春，我第一次沿着台北的新店溪徒步，河岸两侧绿柳成荫、风光秀美，远处天连芳草、山抹微云，尽兴游玩中“常记溪亭日暮，沉醉不知归路”，不知不觉间天色已暗。河边小路上渐渐空寂无人，环望四周皆是朦朦胧胧、模模糊糊的树林、灌木和茂密的草丛，心里不免有一丝担忧：其中是否会有强人出没？忽然，后面传来了自行车的声音，原来是一个七八岁的小男孩不紧不慢地骑车经过，然后又不疾不徐地消失在前方空无一人的夜色里。我顿时释然了，这个小男孩的父母都可以放心地让他独自一人在夜幕中优哉玩耍，那还有什么需要担忧的呢？

2017年，北大徒步协会为庆祝校庆冲顶8000米山峰成功，学校工会特别组织了一次座谈性质的庆功会。参加者多是徒步协会的积极分子和各系工会的体育委员，平时大家都很熟悉，座谈也无拘无束，气氛轻松愉悦。登山领队大谈自己在8000米的山顶上对人生意义有了什么新的感悟，话音刚落就被对面的一位工会委员调侃：“你们糟蹋了这么多钱，费这么老大劲爬到8000米山上，就悟出这么点儿人生道理，我上个月爬了趟香山（注：海拔575米）都比你悟到得多。”看来，只要有心，在平常如香山公园也同样可以神游天外，心骛八极，开启智慧，参透人生了——感悟与山的高度其实并没有什么直接的联系。2006 年，我到韩国首尔开会，在一寺庙墙上居然看到一行工整漂亮的汉字："平常心是道"。中国哲学认为道就体现在日常具体的生活之中，强调当下即是道的精神，今天在国内外风起云涌、引领健身时尚的徒步活动也同样需要一颗平常心啊。

徒步日常生活化也表现在我们的徒步遵循"平常、自然才是真"的原则，不追求组织形式的轰轰烈烈、不在意参加人数的多与寡，更不必靠奖品、礼品、纪念品来吸引人参与。有一年我还是系工会体育委员时，路上遇到学校工会的某领导远远地和我打招呼："朱老师，听说你组织了 100 多次公园徒步，很有公益心嘛，我们工会准备赞助你一下。"我感觉有块馅饼要从天上掉下来——即使有几千块钱可以租个车或大家吃几顿饭，都蛮不错的。于是，我立刻向领导热情洋溢地介绍我们生活化的徒步理念是如何如何的不一般，并告诉他虽然我们平时也就两三个人，但"三人行，必有我师"，两个人也可以进行一场深入、有效的交流；即使一个人，那也是天、地、人三才并聚，日、月、星三光相伴，"天地与我并生，万物与我齐一"……不过，领导的脸色好像越来越不对劲，我有点儿说不下去了。最后，领导失望地叹口气说："我这是群众运动办公室，你连群众那个'众'字的三个人都没有给我凑齐，没法资助你了。"然后，这事就没有然后了……看来真是言多必失，用苏格拉底的话说，知道如何闭嘴也是一门学问哪。

2008 年我住在万柳公寓，由于离颐和园比较近，就买了张 100 元的公园年票。结果一年下来只去了 3 次，即使按颐和园旺季票价算（30 元一张）还亏了 10 元钱。现在回想起来，主要原因还是没有找到一种自然、平和、方便的健身方式，无法把徒步锻炼和自己的日常生活进行有效和自然地整合。结果常常是，有时候觉得很长时间没有锻炼身体了，就心有愧疚地跑到山里面"暴走"一天，这样的健身效果当然也不理想。从 2013 年到现在，我们在北京园林的徒步已有 240 多次了，经常有人来信感叹或当面恭维说能够坚持这么久、这么多次真是太不容易了，对此我总是非常确定地回答，生活化的徒步完全不需要有意坚持，因为一切都是随缘随意、自然自在的嘛。如果一定要"坚持"的话，那我肯定是坚持不下来的。也有人表达钦佩之意后不无遗憾地表示，因为住得太远，无法来参加和体验我们生活化的徒步。我说，你完全不需要来参加我的徒步，你在自己的方便之地、恰当之时组织自己喜欢、适合的徒步即可，这才是生活化徒步的真正含义啊。

曾有记者采访时问我，你们光是在圆明园里徒步都上百次了，老是看着同样的景致，不觉得腻吗？我回答说，怎么会呢？不必说一年当中春夏秋冬的季节差异——“春有百花秋有月，夏有凉风冬有雪”，就是同样的花草树木、山水云天，即使在同一天的不同时刻都会有光影的奇异变化，这边厢“桃红含宿雨，柳绿带春烟”，转瞬间又是另一番景象：“云日相辉映，山水共澄鲜”。此外，即使“年年岁岁花相似”，却也“岁岁年年人不同”；人的心境也随时随地有所不同，物由心造，景因情生，“月到天心处，风来水面时，一般清意味，料得少人知”；大千世界，奥妙无穷，“大自然中没有任何两片树叶是一样的”，正可谓“一步一世界，一步一天国”。

崇尚“虽由人造，宛若天成”的中国园林常常能够营造出与大自然和谐共处、整体交融的意境，与笔者几年前在曼哈顿长方形的中央公园（面积比颐和园还要大一点）徒步时看到公园四周几乎全被高楼大厦所包围而感受到的局促、逼迫感完全不一样。尤其是有“万园之园”称号的圆明园，在与大自然的和谐上，更是设计得几乎天衣无缝。不同于颐和园有高大庄严的佛香阁，香山公园有“一览众山小”的鬼见愁——园内各处景点随时都能看见，也就让人随时知道自己在什么地方，实际上也在不断提醒你是在一个人造的公园里——圆明园里完全没有一个可以统观全局的地标，以至于常有游客搞不清楚方位，甚至不敢贸然往公园深处走（我们也时常在圆明园里为“迷路”的游客指引出园的方向）。也正是因为如此，圆明园时常会让你感觉就是在大自然中一个“池花对影落，沙鸟带声飞”的水塘边，在野外一片生机盎然、花蝶相戏的草地上，抑或在一条潺潺流动的欢快溪流旁。远眺北京的西山，又不时有“暮从碧山下，山月随人归”的景致，让人完全忘记了身在一个人工园林里。这样一种自然、恬静的感觉在今天浮躁、喧闹的大都市里的确很奢侈，但如果有心去感受的话，其实也并不难得到。

最后再提一件有趣的事情，我有一位系里的同事，几年前还是我介绍他加入北大徒步协会的。记得他第一次参加徒步活动时曾担心自己能否跟得上大家的步行速度，我还安慰他说徒步队伍的行进原则是“前不超向导，后不落‘压后’”，我们的“压后”会一直在队伍的后面照应走得比较慢的队员，所以不用担心。如今，这位同事每年都要跑好几个全马甚至超马。我们相继离开了北大徒步协会，都算是自我放飞的“单干户”了。我猜测他大概是嫌徒步协会走得太慢了吧，而我则是嫌他们走得太快了。我们现在各自享受着自己的运动方式，也都“逢人说项斯”，积极向大家推荐自己喜欢的运动。显然，徒步这件事也是“萝卜青菜，各有所爱”。所以，还是那句话：人生贵在适意，还是各美其美，随缘随意、自然自在吧。

（致谢：近年来在国内外的徒步活动多是借助访学交流的机会，收获颇丰。在此特别感谢如下基金的支持：Mellon Travel Fellowship, both History of Science Collections of Library and Science History Department, University of Oklahoma；北京大学人文基金高级访问学者项目；Aarhus University Research Foundation-Visiting Fellowship。）

二阶研究

博物学视野下中国古代动植物史料的整理

——以《森林资源与生态分典》的编纂为例

张连伟（北京林业大学人文社会科学学院）

博物学是科学史研究的重要分支领域。中国古代虽然没有博物学之名，但却有博物学之实，它们大都散见于经学与小学、农书与本草、史书与方志、谱录与类书、志怪与笔记等各种文献典籍中。发掘和整理这些文献资料，是当代博物学研究的重要内容。《中华大典》是经国务院批准的建国以来最大的文化出版工程，2006 年被列为国家文化发展纲要的重点出版工程项目。同时，《中华大典》是以现代学科分类方法，对我国历代汉文古籍重新编纂整理的一部大型工具书，其目的是为学术界及愿意了解中国古代珍贵文化典籍的人提供准确翔实、便于检索的汉文古籍分类资料。《中华大典·林业典·森林资源与生态分典》是《中华大典·林业典》五个分典之一，也是其中字数最多的一个分典，总计 430 余万字，历时 8 年编纂完成。它第一次大规模搜集了中国古代森林资源与生态史料，尤其是野生动植物方面的史料，是了解我国古代博物学的参考资料。尽管这部分典有着诸多的不足，但敝帚自珍，这里想从博物学的角度，对《森林资源与生态分典》主要内容和特点进行简要地介绍和讨论。

一、编纂框架与主要内容

森林是陆地生态系统的主体，它们不仅维持着自然界的生态平衡，也是人类赖以生存的自然资源和生态环境要素。森林中蕴藏着丰富的动植物资源，很早就受到了人们的关注，留下了丰富的文献史料，成为研究古代博物学的重要文献。但由于中国古代缺少专门的博物学著作，这些资料大都散见于浩如烟海的文献典籍中。《森林资源与生态分典》编纂的目的就是整理这些文献史料，便于当代学者更深入地研究。为此，《森林资源与生态分典》最终确立了森林分布总部、森林植物总部、森林动物总部的主体框架，在总部之下设部，部之下直接设立条目，不再设立分部，纲举目张，整个《森林资源与生态分典》的结构框架较为清晰。

《森林分布总部》下设九个部，即森林分布总论部、华北部、东北部、华东部、华中部、华南部、西南部、西北部、港澳台部。总论部收录介绍全国森林情况，或者跨大区森林情况的资料。在各部中，再按资料的性质或所属省（直辖市、自治区）的不同分类，只列标题，不称分部。其中各部中的总论属于区域总体情况的资料，或者跨省（直辖市、自治区）的资料，或者范围明显超出现代省（直辖市、自治区）辖域的资料。《森林分布总部》主要收录森林或树木地理分布方面的文献史料，也有少量属于森林综述方面的资料（列入森林分布总论部）。资料收录的原则是，凡属于现代中国疆域范围内的资料，或者属于当时中国疆域范围内的资料均予收录，不收录除上述两者之外的外国森林的资料。资料多出自各种地方志，少部分为史书中的食货志、地理志，及多种别集、游记等。地方志以省志、府志资料为主，兼收州志、县志，也有个别镇志中的资料。对于同一县有多部志书的，一般收录成书晚的书。凡是宋代之前的方志，则收录的资料比较详细。在这些史书方志中，有许多资料属于博物学的内容，如《汉书·张骞李广利传》记载乌孙王昆莫曾由狼乳之事，《新唐书》卷二百一十五、《唐国史补》曾有“北平多虎”的记载。《金史》卷七九《张中彦传》记载：“正隆营汴京新宫，中彦采运关中材木。青峰山巨木最多，而高深阻绝，唐、宋以来不能致。中彦使构崖驾壑，起长桥十数里，以车运木，若行平地，开六盘山水洛之路，遂通汴梁。”又如雍正《畿辅通志》卷五十六“物产”中列果属、木属，记载了北京地区盛产的桃、李、石榴、杏、栗、梨、羌桃、樱桃等果类以及松、柏、桧、枫、槐、椿、桑等木类，不仅简要描述了它们的自然特性，还记载了它们在北京周边地区的分布。

《森林植物总部》包括木部、果部、草部、竹部、菌部。木部主要收录有关乔木的古籍资料，也酌情收录灌木及野生园林花卉植物的资料，农业上大量栽培种植的桑、茶等资料未予收录。果部主要收录有关木本果树的资料，包含少量藤蔓类果树资料。草部主要收录生长在山林树木下的各种野草类资料，草本园林花卉植物和水生草类资料未予收录。竹部收录各种竹类资料。菌部主要收录木耳、蘑菇、茯苓等真菌类的资料。中国古代森林植物名称存在同名异物、同物异名的现象。清徐鼎《毛诗名物图说》卷九："盖草木同名异类者多，如一杞而有三种，一桐而有四类，人多混《摽有梅》与此为一，盍将陆玑之《疏》参之？"吴其濬《植物名实图考》："玉兰著而木莲微，木犀咏而山桂歇，古之赏者其性，后之赏者其华，草木名实之淆，亦世变风移之一端也。"（吴其濬，2008：556）吴其濬在"茵芋"一条下说："茵芋，有毒。李时珍以为古方有茵蓣丸，治疯痫。又有酒与膏，为治风妙品，近世罕知，为医家疏缺。盖深惜之。吾谓今之俚医，治风之药，不可殚述，安知无茵蓣者？特其名因地而异，古今之不同耳。"（吴其濬，2008：445）《尔雅翼》卷二《杜衡》："草木所以难言者，以其名实相乱，每每如此。"李时珍《本草纲目》卷一六"龙葵"条："五爪龙亦名老鸦眼睛草，败酱、苦苣并名苦菜，名同物异也。"因此，在条目设置上，均以古代森林植物名称为基础编列条目。条目设置的原则是，宜分则分、宜合则合。有些古籍中的植物名称，尚未考证出究竟是现代分类学中的何种植物，或者对其分类存在争议，从保存史料的角度出发，本总部也酌情收录，以备检索考证。

《森林动物总部》根据中国古代森林动物文献资料的分类特点，共设森林动物总论部、禽部、兽部、虫部和森林其他动物部。森林动物总论部主要收录有关森林动物的总论性的资料。禽部主要收录与山林有关的鸟类资料，包括猛禽、鸣禽、陆禽、攀禽、涉禽、游禽等。兽部主要收录与山林有关的哺乳动物资料，包括食肉目、有蹄目、啮齿目、翼手目、食虫目、灵长目等。虫部主要收录森林昆虫方面的资料，包括直翅目、同翅目、鞘翅目、鳞翅目、膜翅目、双翅目、蜻蜓目、螳螂目、脉翅目、革翅目等。森林其他动物部收录未列入禽部、兽部和虫部的其他森林动物的资料，主要包括多足纲、爬行纲、两栖纲等门类中的动物。有关鱼类等水生动物及海洋动物方面的资料，以及有关野生动物驯养及家畜饲养方面的资料，本总部均未予收录。一些带有神话传说性质的动物，如凤凰、麒麟、蛟龙等，也未予收录。中国古代动物名称也存在同名异物、同物异名的现象。陈桥驿在《中国珍稀鸟类的历史变迁》序言中说："在这些志书中查索动物名称，通名与俗名混用，本名与别名交错，有时一名为数物所共有，有时数名却仅系一物。混乱颠倒，不胜其烦，鲁鱼亥豕，出错更属难免。”（陈桥驿，1994：7）因此在条目设置上，均以古代森林动物名称为基础编列条目，为了便于检索，有些条目同时列出了几个不同的动物名称。中国古籍中，有些森林动物名称尚未考证出究竟是现代分类学中的哪种动物，或者对其分类存在争议，从保存史料的角度出发，本总部也酌情收录，以备检索考证。

二、编纂方法与利用价值

虽然这部书还有诸多的不足，但编者对数百万字的文献史料，反复核对推敲，花费了巨大的精力。《中华大典》办公室在送审报告的复函中说：“样稿整体质量较好。资料搜录较为广泛、内容较为丰富，标目符合大典要求，图录和文字的配合也较为合适，认真作了编辑工作，校对十分认真。”这是对《森林资源与生态分典》编纂工作的肯定，对编者而言，感慨至深。在这个浮躁与繁荣共生的时代，这项工作也算为文献整理和林史研究尽了绵薄之力。具体而言，这部书有以下几方面的特点和价值：

第一，普查与倒查相结合的史料搜集方法。《森林资源与生态分典》是汇集林业史料的大型类书，为了保证编纂质量，课题组将广泛的史料搜集和严格的史料筛选相结合。我国古代林业未自成体系，相关的林业资料也多散落于浩如烟海的古籍之中。因此，在编辑《中华大典·林业典·森林资源与生态分典》的过程中，根据林业史料的特点，我们以近些年出版的《四库全书》《续修四库全书》《中国地方志集成》《中国方志丛书》等大型文献为基础，辅以其他大型历史文献典籍如中华书局二十五史、《丛书集成初编》《丛书集成续编》《全宋文》《全元文》等，展开广泛的史料搜集和整理，进行全员普查、分组编纂，在北京、山西、扬州、武汉、南昌、安徽等各地高校设立了6个普查点，并建立数据库对整体工作进行统计和跟进。在此基础上，根据《中华大典》和《林业典》的字数控制要求，课题组成员对各地汇集的近千万字的普查资料，进行统计、整理、分类，为《森林资源与生态分典》的编纂提供了资料基础。最后主编依据古代大型类书文献、计算机检索系统以及现代研究成果，对搜集到的资料进行了倒查，复核校勘，删除重复资料，补充缺漏资料。

第二，传统学术与现代学科相结合的编纂方法。《中华大典》是以传统学术方法为基础，立足于现代学科体系而编纂成的大型类书，如何结合现代学科体系，科学地划分条目，编设条目，关系到《森林资源与生态分典》能否顺利编纂完成。我们根据中国古代森林资源与生态史料的特点，在整理古代森林动植物史料的时候，依据传统动植物分类标准，融入现代生物分类方法，把传统的动植物分类体系与现代学术规范相结合。例如，我们首先依据传统动植物的分类体系，将森林动植物分为木类、果类、草类、竹类、菌类、禽类、兽类、虫类、森林其他动物类等，在此基础上纳入现代生物学的分类方法。如“兽部”主要收录了与山林有关的哺乳动物，条目的排列大体按照了食肉目、有蹄目、啮齿目、翼手目、食虫目、灵长目的顺序。

第三，自然科学与人文社会科学相结合的跨学科研究。《森林资源与生态分典》的编纂涉及历史学、文献学、地理学、林学、生态学等不同的学科领域，在本书的编纂过程中，不同学科领域的专家学者共同努力，对提纲的设计，资料收录的范围、性质等进行了广泛的讨论，最后确定了编纂体例、编纂内容。《森林资源与生态分典》共汇编整理古代有关森林资源分布与变迁、森林动植物记载与描述的文献史料430余万字，收录木类137种，果类104种，草类266种，兽类69种，禽类102种，虫类68种，其他动物17种，这还不包括文献中大量存在的同物异名、同名异物的动植物史料。史料收集的内容，既有关于各种动植物的客观描述、地理分布的记录，也有相关的历史典故、诗词歌赋等，不仅为自然科学研究奠定了基础，也为历史文化研究提供了许多宝贵的资料。

第四，关注森林资源与生态环境的历史变迁。《森林资源与生态分典》原名《森林资源分典》，在编纂过程中，为适应时代和社会发展的需要，根据专家的意见，更名为《森林资源与生态分典》，以突显其生态功能，更好地为生态文明建设服务。在《森林资源与生态分典》中，我们发掘搜集了大量古代史书、方志、笔记、艺文中反映森林资源与生态环境变迁的宝贵史料。如宋代沈括《梦溪笔谈》记录了宋代北方森林的破坏，书中说：“今齐鲁间松林尽矣，渐至太行、京西、江南，松山大半皆童矣。”又如北宋郑獬《虎说》记载安陆这个地方曾经有很多虎，但随着人口增加以及捕猎，虎的数量不断减少，最终老虎消失。由此，郑獬提出“天之生物与人迭为盛衰”，论述了森林动物与人类活动之间的关系。南宋魏岘记录了四明山森林的变化及其影响，他说：“四明占水陆之胜，万山深秀，昔时巨木高森，沿溪平地竹木，亦甚茂密，虽遇暴水湍激，沙土为木根盘固，流下不多，所淤亦少，开淘良易。近年以来，木值价高，斧斤相寻，靡山不童，而平地竹木亦为之一空。大水之时，既无林木少抑奔湍之势，又无包缆以固沙土之积，致使浮沙随流奔下，淤塞溪流……由是舟楫不通，田畴失溉。”这是我国古代最早记载森林可以涵养水源、防止水土流失的文献。这些史料既为我们探讨我国森林资源与生态的历史演变提供了宝贵的线索，也提供了历史经验教训让我们警醒和借鉴。

三、文献史料的辑录与校勘

资料的标点校勘是整个编纂工作中最费时费力，也最容易出现错误的地方，往往费力不讨好，为学术界诟病。整部《森林资源与生态分典》的点校工作中，编者如履薄冰，战战兢兢，反复核对，查找相关研究成果，务求尽量减少错误。

如《尔雅·释木》有“榆白枌”一语，又见于许慎《说文解字》，现在通行的标点本多将其断句为“榆，白枌”。如北京大学出版社1999年版《尔雅注疏》：“榆，白枌。枌榆先生叶，却著荚，皮色白。【疏】‘榆，白枌。’释曰：榆之皮色白，名白枌。郭云：‘枌榆先生叶，却著荚，皮色白。’《诗·陈风》云‘东门之枌’是也。”（李学勤，1999：277）又如中华书局2002年版《说文解字》：“榆，白枌。从木俞声。羊朱切。”又云：“枌，榆也。从木分声。扶分切。”（藏克和、王平，2002：370，371）《齐民要术》《农政全书》对《尔雅》此语亦有引用。如贾思勰《齐民要术·种榆、白杨第四十六》引用了《尔雅·释木》及郭注，缪启愉先生在《齐民要术校释》中也读为“榆，白枌”：“《尔雅》曰：‘榆，白枌。’注曰：‘枌榆先生叶，却著荚，皮色白。’”（缪启愉，1982：242）《农政全书》承袭《齐民要术》，其书卷三十八《种植》亦引用了《尔雅》及郭注。石声汉先生《农政全书校注》：“【榆】《尔雅》曰：‘榆，白枌。’又曰：‘蘊荎。’”（石声汉校注，1979：1045）按照中华书局标点本《说文解字》的断句，许慎解释“榆，白枌”明显存在重复，与其下“枌，榆也”的解释不一致。如果“榆，白枌”意思是说榆树是白枌，就其种属关系而言，榆为白枌之一种。当然，也可以理解为榆树又名白枌，白枌即榆树。北京大学出版社《尔雅注疏》正是沿着这种思路进行断句的。因此，邢昺疏云：“榆之皮色白名白枌。”可以理解为“榆树的皮色白”，所以又称为“白枌”。但四库本《尔雅注疏》邢昺疏作“榆之皮色白名枌”（郭璞著，邢昺疏，2010：181），中间少一个“白”字，含义也因之而发生变化，可以理解为，榆树之皮色白者名为“枌”。为何北京大学出版社的版本多一个“白”字？校注者并无说明。根据郭璞注和《尔雅·释木》文可知，枌为榆树一种，而非榆树即白枌，所以郭璞又称“枌”为“枌榆”。枌榆之名，在古籍中出现较早。《史记·封禅书》记载，“高祖初起，祷丰枌榆社。”《集解》张晏曰：“枌，白榆也。”（司马迁，1982：1378）因此，枌榆即白榆。“榆白，枌”意思是说，榆树白色者名为枌。两相比较，“榆白，枌”比“榆，白枌”更为恰当。许多学者将其点校为“榆，白枌”，与《尔雅》中对其他动植物的点校相一致，但从古书中记载“枌”的生物特征来看，它是一种白榆。这样，将“榆白枌”点校为“榆，白枌”就颠倒了类属关系。编者认为，正确的点校应为“榆白，枌”。

又如，晋戴凯之《竹谱》有“陆机请伐鼓五岭表道九真也”一句，最初断为“陆机请伐鼓五岭，表道九真也”。后来核查史料才知道，此句出自陆机诗“伐鼓五岭表，扬旌万里外”，所以正确的句读应为“陆机请伐鼓五岭表，道九真也”。

因此，古籍资料的标点校勘，需要丰富的人文历史知识和良好的学科素养。而在编辑点校过程中，编者也深感自身学养不足，难免存在失误。在《森林资源与生态分典》编纂过程中，笔者深刻体会到，中国古代典籍资料汗牛充栋，大量的历史资料需要整理点校，但相关的研究人员匮乏，研究水平有待提高，国家应该对相关的研究给予更多的支持，以免大量的典籍文献湮没无闻。

在编纂内容和史料搜集整理方面，也存在一些遗憾。在资料搜集的范围方面，还需要进一步开阔视野。如地方志是研究古代森林资源与生态变迁的重要史料，在《森林资源与生态分典》编纂过程中，囿于《中华大典》的体例规范和《林业典》编纂的实际情况，主要普查了部分方志中的物产资料。另外，本分典是古代森林资源与生态史料的汇编，以辑录相关的林业史料为目的，是供林业和林学研究参考的类书。因此，虽然编纂工作耗费了巨大的时间和精力，但缺乏对相关史料的分析研究，这些宝贵的资料还处于“半死不活”的状态，如果得不到很好的开发利用，可能会被束之高阁。因此，充分利用这一大型类书，还有待于今后加强学术研究，包括博物学研究，让这些宝贵的史料“起死回生”。

参考文献

陈桥驿 . 中国珍稀鸟类的历史变迁 . 长沙：湖南科学技术出版社，1994.

（晋）郭璞，（宋）邢昺疏 . 尔雅注疏 // 四库全书第 221 册 . 上海：上海古籍出版社，2010.

李学勤 . 尔雅注疏 . 北京：北京大学出版社，1999.

缪启愉 . 齐民要术校释 . 北京：农业出版社，1982.

石声汉校注 . 农政全书校注 . 上海：上海古籍出版社，1979.

司马迁 . 史记 . 北京：中华书局，1982.

吴其濬 . 植物名实图考 . 北京：中医古籍出版社，2008.

臧克和，王平 . 说文解字新订 . 北京：中华书局，2002.

二阶研究

博物与艺术

——冯澄如画稿研究及博物绘画的市场表现

陈智萌

本文分为两个部分。其一为对于新发现之实物材料“冯澄如先生画稿333幅”的介绍与研究，内容包括画稿的文物状态、流转过程、署名问题等，并由此结合冯澄如唯一著作《生物绘图法》论述冯先生的艺术贡献。这一部分主张以艺术的角度去看待冯澄如的绘画乃至所有博物绘画，提出重要的博物艺术作品应被收入艺术史、美术史。其二，结合拍卖市场数据，浅谈博物绘画的市场表现。

一、博物与艺术——冯澄如画稿研究

本人从事文物艺术品拍卖工作多年，因工作之缘获睹这批珍贵的冯澄如画稿。由于过去在市场从未出现过这类作品，而画作本身带给我极大的震撼，出于直觉判断我认为这应该是一批佳作，故而开始搜集资料。经过研究，我确认这批画稿为冯澄如先生的原作，于是将画稿编纂成册并随研究成果出版，名为《博物与艺术——冯澄如画稿研究》。

在搜集资料的过程中我发现，关于冯先生的资料非常少，但他实为中国现代植物学研究领域从事植物科学绘画的第一人。他与胡先骕共同工作长达三十余年，是胡先骕、陈焕镛、秦仁昌编纂的《中国植物图谱》《中国森林树木图志》《中国蕨类植物图谱》等一系列植物学著作的唯一绘稿人。冯先生不仅开启先河，还开办江南美术专科学校，为中国培养了该领域的第一批人才，冯晋庸、

冯钟元等均为其学生。

这批画稿共计 333 幅，其中墨线稿 201 幅、墨线与铅笔稿 7 幅、铅笔稿 125 幅。另有空白图画纸 3 张、印刷版画 20 幅（其中黑白版画 17 幅、彩色版画 3 幅）。其中在任豆的印刷版画背后，加盖有静生生物调查所的印章。另附过录抄写胡先骕先生手稿 2 页，系用钢笔在静生生物调查所的稿纸上书写，内容是四川溲疏的物种描述。

经过与《中国植物图谱》逐幅比对，此 333 幅画稿中有 37 幅系《中国植物图谱》的原稿。《中国植物图谱》共出版有五卷，这 37 幅画主要集中在《中国植物图谱》的三、四卷，其中有一幅墨线作品《短尾鹅耳枥》（铅笔书“*Carpinus londoniana* H. Wink”）在《中国植物图谱》和《中国森林树木图志》中均有出版，在《中国植物图谱》里中文名称为“伦敦氏鹅耳枥”，在《中国森林树木图志》里中文名称为“岷江鹅耳枥”，拉丁名均是“*CARPINUS LONDONIANA* Winkler”，两页图的左下角均有“C. R. Feng Del, et Lith.”，意为冯澄如画及印。这 37 幅画稿与其他大量画稿相比有一些明显的特征，例如多为墨线稿，且部分右上角贴有“Plate ??? ”标签，下方用中文写有“第??? 图”，部分图版的下方贴有打印的植物名称标签，并有手写的中文名称。在画稿中，还有 18 幅有这样的“Plate ??? ”标签，且编号顺序在这 37 幅之后。根据《胡先骕先生年谱长编》记载，“1947 年 4 月 6 日胡先骕复函任鸿隽，同意募集静生所基金，以实施研究，但其本人于此却无能为力。云：《植物图谱》第六册，图已在战前印就，故必须付印，然今年只拟印一百册，《中国森林植物志》则须印二百册，但经费半由中林所担任，故所费不多。”（胡宗刚，2008：408）可见，当时存在《中国植物图谱》第六册的出版计划，且版画已经在 1937 年抗战之前印就，那画稿自然就在更早之前绘就，那些贴有标签但没有在《中国植物图谱》前五卷中找到对应图片的画稿很有可能是《中国植物图谱》第六册遗稿。这些画稿不仅表明了其真实来源、作者及用途，同时也成为一些文献资料最好的物证。

这批画稿留存至今，至少经历了两次劫难。目前找到对应出版物的 37 幅画稿，应分别属于《中国植物图谱》第三、四、五册，其中有 29 幅属于第三、四册。这 29 幅画稿经历过“一·二八”事变而幸存。1932 年 1 月 28 日，日本海军陆战队突然袭击上海闸北（今属静安区），“一·二八”事变爆发。次日上午，日军飞机轰炸了商务印书馆位于宝山路的总管理处、编译所、四个印刷厂、仓库等。可怕的是，被日军炸毁的第四印刷所、小学等皆中弹起火，全部焚毁。1932年2月1日，日本浪人又潜入未被殃及的商务印书馆所属的东方图书馆纵火，全部藏书化为灰烬。五层大楼成了空壳，其状惨不忍睹。据统计，在这场劫难中，商务印书馆直接损失的资产达1630万元以上，占总资产的80%。最令人痛惜的是东方图书馆全部藏书共46万册（包括善本古籍3700多种，共35000多册；中国最为齐备的各地方志2600多种，共25000册）悉数烧毁。当时号称东亚第一的图书馆一夜之间突然消失，价值连城的善本孤本图书从此绝迹人寰，不能不说是中国文化史上的一大劫难。此时，第三、四册的画稿正存于上海的商务印书馆，也正在印刷中。根据《胡先骕先生年谱长编》记载："1932年4月5日复函陆文郁，告在商务印书馆所出《中国植物图谱》第三、四册毁于战火等事，略云：惟近正鉴定大批四川植物标本与赶制《中国植物图谱》，无暇著笔耳。商务书馆被毁，《图谱》第三、四册之正在印刷中者，亦随之为灰烬，至堪痛恨。幸图稿尚存，已拟收归自印矣。"（胡宗刚，2008：173）可见，这些画稿经历了浴火重生般的考验。这是一劫。

1937年，北平沦陷。静生生物调查所留下部分人员继续支撑，静生生物调查所因系受庚子赔款的间接资助，被视为美国在中国的资产，而一度得以幸存。1941年12月，日美交恶，太平洋战争爆发，受美国势力保护的中国文化教育机构被视为美国在中国的财产，同样被日军强行占领。当时的燕京大学、协和医学院、北京图书馆、静生生物调查所等皆在此列。12月8日，日军筱田部队封闭了静生生物调查所，所有员工皆被驱逐，图书及动植物标本概未救出，只有植物模式标本照片之底片、野外采集所用各省陆军测量地图等少量珍贵材料被提前寄存到大陆银行，得以幸存。（胡宗刚，2005：127）此为第二劫。再考虑后续岁月，得存如此规模，实属万幸。

整理这333幅手稿，我们没有发现其中有冯澄如的签名，而一些画稿有铅笔写的"Hu"，即胡先骕。翻阅《中国植物图谱》，前两卷印刷版画上没有署名，正式的署名在《中国植物图谱》第三册开始出现，以英文"C. R. Feng"记。据资料显示，冯澄如为静生生物调查所的创始成员，一直担任研究员且兼任绘图员。并且，据截止到1935年的薪酬表（胡宗刚，2005：71）显示，那段时间静生生物调查所植物部一直只有冯澄如一个绘图员。根据已经出版的静生生物调查所的印刷资料，包括《中国植物图谱》《中国蕨类植物图谱》《中国森林树木图志》等，全部版画上也只有冯澄如一人的署名。可见，该批画稿应该为静生生物调查所时期冯澄如所绘，而画稿上没有签名可能是因为当时这项工作只有他一人负责，所以下意识地认为没有这样做的必要。梳理这些细节，可以感受到那时的冯先生是以一种不求名的状态沉浸在他的工作中，这不就是如今我们所谈的工匠精神吗？为了弥补图谱未署名的遗憾，在出版《博物与艺术——冯澄如画稿研究》的时候我们特意向出版社申请，将其名置于封面，由此表达我们对大师的敬意。

精细的手稿和大量出版的图谱，其实都是冯先生的工作实践，是经验的来源。在此基础上，冯先生将经验总结、提炼，于1957年出版了《生物绘图法》一书，这被认为是中国第一本生物科学绘画法专著。在序言中他这样写道："对于工具、材料，作者主张中西兼备，更想利用中国毛笔之长，补西法钢笔之短，希望画出正确、精致，含有民族风格、东方艺术的生物图。"事实上，冯澄如是将中国传统的毛笔白描与西方科学绘画相结合，并发明了独创性的绘图小毛笔，这种毛笔比用来绘制中国传统工笔画中人物衣褶、胡须的毛笔还要细，还要小。此外，他还强调绘画的传播，并为此改进了石印平版印刷技术。由此可见，他对中国植物科学绘画的开创、发展乃至传播，都具有十分重要的影响。著名植物科学史学者胡宗刚先生这样评价道："冯澄如的科学绘画可谓为中国绘画增添一新画种。"（胡宗刚，2005：49）

回顾历史，冯先生的画稿已成文物，而在当下，中国正是奔向小康文明的时代。刘华杰教授曾指出，此时探讨冯先生的绘画有着特别的背景和潜在的意义。因为，评价冯先生这类绘画的性质和文化，需要适合的气氛及眼界。冯先生那个年代，正是国家处于困境之时，即使个别先知先觉者做了极其重要的工作，整个社会、史学工作者，乃至当事者本人可能都感受不到其所为的意义和长远含义。而今，研究植物科学绘画奠基人冯澄如的画稿，不仅给我们倡导的博物文化提供了新的关注点，而且给我们创造了一个难得的审视当下中国美术观的机会。中国美术界、美术史界长期以来重视高远精神意境的展现，而忽略写实意义上的细节展现，把后者视为匠人作品，以至于一些作品越来越追求境界，甚至有病态发展之嫌，而另一类作品在民间颇有市场，但在画论、美术殿堂中没有足够的地位，得不到鼓励，发展受限。这其实是一个疏漏。冯澄如的绘画高度满足了人们对于写实、具象的审美渴望，由此延伸的观念也符合我们对于当下生活世界的种种倡导。由此我们认为，冯澄如及其所引领的博物绘画应该在中国美术史中拥有一席之地，并带给我们更多关于健康艺术观的思考。

二、博物绘画的市场表现

2017年我在硕士论文中曾基于2007年至2016年这十年的古籍类拍品的真实拍卖数据得出一个结论：19世纪及以前的西文书总体呈现上涨趋势，可能在未来是受众面逐渐扩大的门类。2019年3月29日，第一财经商业数据中心（CBNData）联合天猫发布《让生活碰撞艺术——天猫艺术品线上消费趋势报告》，结论包括：一二线城市是艺术品消费者的主要聚集地，三四线城市消费力正稳健增长；90后、95后偏好西方画派；2018年线上艺术家装饰画风格以简约现代、新中式为主，图案以植物、风景为热门。这两则数据前者来自高端艺术品收藏市场，后者来自中国覆盖面最广的线上消费市场，二者同向显示出融合了西方审美的具象、写实作品拥有较好的市场前景。

具体到博物类的西文著作，国内收藏市场近些年总体表现不俗。其中《手绘索尔比植物学版画集》具有代表性，该书第三版出现次数较多，13卷本2013年春季首次拍卖成交价为8.97万元人民币；此后于2016年春秋拍卖会再次出现，成交价分别为14.95万元及20.7万元。2017年、2018年的拍卖会上12卷本价格有所回落，分别为5.2万元及3.45万元。此外，1882年巴黎J.Rothschild出版的《巴黎园林花卉巨幅版画集》2函全本于2016年春以12.65万元人民币成交；同年，1900年伦敦大英博物馆理事会出版的《库克船长环球植物学巨幅版画全集》3函全本以10.35万元人民币成交。除了这些大部头画集，拍卖市场还曾出现《英王御制汉伯里植物学大全巨幅古版画集》《大英鸟类图谱版画集》《美国赛马和马术版画集》《布冯全集》和“观鸟之父”吉尔伯特·怀特的《塞尔彭自然史》等博物类著作。虽然中国市场西文书的拍卖仍属小众，且成交情况有一定的波动性，但是总体而言，博物类画集的成交价都高过了国际市场，且成交率较高。目前这一类点集中藏家主要关注于约19世纪欧洲出版的大开本凹凸腐蚀版画及手工上色的版画，其内容大多十分精细、具象。这与前文提到的市场数据较为吻合，可见这种注重细节、展现写实，或兼具大师级自然科学成果的艺术作品或著作具有很好的市场契合度。

长久以来，我们对艺术有三个错觉：一是反科学，即艺术是无用之用，而科学太过实用；第二个错觉是反具象，即认为具象是落后、守旧的象征；第三个错觉是反传统，认为艺术就是要主张批判，没有批判是没有锋芒的，要象征、要暗示、要映射、要反抗。然而，不局限于中国而着眼于全球美术史的整体发展，我们不难发现，为东西方所共同知晓的一些艺术大师往往都对自然界有细致入微的观察，同时具有将自然物描绘得活灵活现的写实绘画功底。达・芬奇曾做过大量动植物解剖，丢勒更是说出了自己在绘画中遵守的格言："用心钻研自然界。遵从大自然的引导，可别分心走岔道，以为自己能做得比它好。离开了自然，就只有迷途。因为艺术的真髓正藏在自然之中，谁能画出来，谁就拥有了它。"

在 21 世纪，以人类为中心发展起来的近代学科，正面临着全新结构下的学科重建。博物学从古希腊走到今日经历了学科细分，散布于人文、社会、自然以及文化艺术四大领域。随着社会的发展及对新型人才的需要，我们越来越清晰地认识到我们正处于一个巨大的变革期。在此背景之下，我们需要摆脱单一视角，从多元化的角度对世界进行全局性的认知。（茂木健一郎，2019：13）如果将人类认知的发展比作一条奔流的大河，古典博物学则是河流的源头，随着时间逐渐分化，形成各门学科支流，而今日我们重提博物学，正如让这些支流汇合流入大海。正如刘华杰教授所说，重温博物绘画，让我们有了看见历史、反思自己、展望未来的好机会。这是由于，一幅成功的博物绘画始于探索，基于科学，成于艺术。

参考文献

胡宗刚．静生生物调查所史稿．山东：山东教育出版社，2005.

——．胡先骕先生年谱长编．江西：江西教育出版社，2008.

〔日〕茂木健一郎主编．通识学问的门类．江西：江西人民出版社，2019.

二阶研究

19 世纪欧洲博物学家对中国蝶类的研究：以地理为视角的历史概要

蒋　澈

欧洲博物学对中国蝶类的研究集中发端于 19 世纪，其背景是欧洲蝶类在 19 世纪获得了系统、全面的记录，一些关注蝴蝶的欧洲博物学家把注意转移到了欧洲之外的地理区域。以德国为中心的蝶类博物学研究辐射出两条入华路径，这两条路径又对应着两类博物学家群体：德、俄博物学家从中国北方边境开始对蝶类考察及研究，而英、法博物学家的蝶类研究工作则从中国南方扩展至北方，其研究对象也分别带有古北界和东洋界的区系特征。19 世纪末，在英国博物学家利奇等人的努力下，这两条路径取得的成果被汇合、总结在一起。

在所有昆虫类群之中，鳞翅目（Lepidoptera）的蝶类因其形态美丽、种类多样和活动常见，最常受到普通人和博物学家的关注。在今天关注博物学的人们中，也有大量蝴蝶爱好者。对蝶类的观察、描述有悠久的历史，特别是自文艺复兴以来，以分类学为核心的近代西方博物学兴起，对蝶类的观察和研究获得了前所未有的发展，研究者包括从一般爱好者到职业昆虫学家的广大人群。现在，已经有许多著作，或以通俗视角，或以职业科学史家的视角，研究、描写了近代有关蝴蝶的博物学活动的历史（关于英国蝴蝶的博物学史著作特别突出，见马伦，2019；Salmon，2000）。然而，西方关于蝶类的博物学研究如何扩展至对中国蝴蝶的研究，还很少得到专门的叙述。国内的蝴蝶分类学著作中，常常会例行介绍中国蝶类的早期研究史（周尧，2000：3–4；武春生，2010：3；袁锋等，2015：4–5）；中国生物学史的写作，也常常会零散地涉及研究过中国蝶类的西方博物学家（罗桂环，2005：333–334）。但是，在这两类著作中，由于主题和篇幅的限制，这些西方博物学家的蝶类研究工作大多未能得到详尽、细致的阐述，很多情况下仅限于开列人名和简述一般性的生平，而这些博物学家究竟对中国蝴蝶做了何种程度的研究和认识，一般读者常常不得而知。总的来说，这一主题的博物学史研究尚待开展。

然而，西方博物学家对中国蝴蝶的早期研究史又是十分重要的。这主要是因为蝶类相较于其他昆虫学类群而言，有极高的显示度，其研究工作高密度地贯穿于昆虫学史的各个阶段，具有极强的典型性。同时，对蝴蝶的研究又和文化的各个方面（文学、图像、经济交换等）有千丝万缕的联系，体现着丰富的综合性。在昆虫学史中，极少有哪个昆虫类群能如蝴蝶一样，可以如此突出地代表那个时代昆虫学研究的普遍特征。因此，在昆虫学史的书写中，蝶类研究史可以充当先导性的预备材料。本文意图指出19世纪中国蝶类研究史的主要脉络，并尝试对这一时期研究中国蝶类的西方博物学家做出一种概览和划分。以西方博物学家为研究对象，是因为这一时期对中国昆虫的专门研究主要是由西方人来进行的，而他们的工作在关于中国近代昆虫学史的著作中又较少得到评述（王思明、周尧，1995：22–34），这一状况需要得到推进。以19世纪为断代，是因为这种划分较为自然便利，便于同国际上一些鳞翅目昆虫研究断代史（Kristensen，1999：1–5）以及其他研究已经较为深入的博物学—生物学分支史（例如中国植物研究史，代表著作见Bretschneider，1898）相比较。此外，西方博物学家认识中国的蝶类，自然是有其根源的，同时也有不同的途径；对于博物学史家来说自不待言的是，这种根源和途径值得勾勒出来，以此为线索来组织进一步的研究和叙事。

一、起点：欧洲蝶类研究的奠基

西方博物学家认识中国蝶类的基础，是19世纪时欧洲蝴蝶获得了系统、彻底的研究，这种以欧洲为中心的研究正是近代中国蝶类研究的起点。这一事实也有生物地理学上的理由：包括中国在内的东亚和中亚，在动植物区系上同欧洲有相当大的共性——特别是中国的古北界。这使得欧洲博物学家很自然地将欧洲蝴蝶物种的知识迁移至中国。

自林奈以来，对昆虫分类做出重要贡献的欧洲博物学家当首推林奈的弟子、丹麦昆虫学家约翰·克里斯蒂安·法布里齐乌斯（Johan Christian Fabricius，1745–1808）和法国动物学家皮埃尔·安德雷·拉特莱耶（Pierre André Latreille，1762–1833）。法布里齐乌斯关于昆虫的一般性著作有《昆虫学系统》（*Systema entomologiae*，1775）、《昆虫的属》（*Genera insectorum*，1776）、《昆虫的种》（*Species insectorum*，1781）、《昆虫补遗》（*Mantissa insectorum*，1787）、《增订系统昆虫学》（*Entomologia systematica emendata et aucta*，1792–1799），他追随林奈对植物学所做的分类工作，给出了一种以口器为主要鉴别特征的昆虫分类系统。法布里齐乌斯去世时，留下了一部未完成的《有喙类系统》（*Systema glossatorum*）手稿。“有喙纲”（Glossata）在法布里齐乌斯系统里大致等同于今天所说的鳞翅目[1]。在这部书中，法布里齐乌斯试图对当时欧洲学者已知的鳞翅目昆虫给出系统的命名和分类。拉特莱耶则在14卷的《甲壳纲和昆虫纲自然志》（*Histoire naturelle, générale et particulière des crustacés et des insectes*，1802–1805）和4卷的《甲壳纲和昆虫纲的属》（*Genera crustaceorum et insectorum*，1806–1809）这两部巨著中概述了世界蝶类的属、种。这里需要注意的是，这种集大成著作出现的时间正是19世纪初期。

对欧洲蝶类的系统总结也大约出现于同一时期。19世纪之前的早期工作包括德国昆虫学家尤根·约翰·克里斯托弗·埃斯佩尔（Eugen Johann Christoph Esper，1742–1810）的《蝶蛾自然图集》（*Die Schmetterlinge in Abbildungen nach der Natur*，1777–1794）和德国昆虫学家莫里茨·巴尔塔扎尔·博尔克豪森（Moritz Balthasar Borkhausen，1760–1806）的5卷本《欧洲蝶蛾自然志》（*Naturgeschichte der europäischen Schmetterlinge*[2]，1788–1794）。进入19世纪以后，德国昆虫学家斐迪南·奥赫森海默（Ferdinand Ochsenheimer）和格奥尔格·弗里德里希·特莱奇科（Georg Friedrich Treitschke，1776–1842）共同完成的10卷本《欧洲蝶蛾》（*Die Schmetterlinge von Europa*，1807–1834）在当时极具影响力。然而，同一时期最重要的欧洲蝶类研究成果，当属德国昆

[1] 法布里齐乌斯将昆虫分为八个“纲”（*classis*），但这些“纲”在外延上实际相当于林奈昆虫分类系统中的目（*ordo*）。

[2] 德语中的“Schmetterlinge”一词，在今天一般只指蝶类，但在18、19世纪的德语昆虫学文献中，这个词兼指蝶类和蛾类。

虫学家、艺术家雅各布·许布纳（Jacob Hübner，1761–1826）的博物学著作与绘图。许布纳自幼热爱艺术，1784 年起，他开始大量绘制有关蝴蝶的科学绘画。1787 年至 1789 年，许布纳曾在乌克兰的涅米罗夫（Немирів）当印花工匠，并研究了当地的鳞翅目昆虫（Dierl，1972）。许布纳和德国画家、昆虫学家卡尔·盖耶（Carl Geyer，1802–1889）一起，完成了《蝶蛾志稿》（*Beiträge zur Geschichte der Schmetterlinge*，1786–1790）、《欧洲蝶蛾纲要》（*Verzeichnis europäischer Schmetterlinge*，1791）、《欧洲蝶蛾志》（*Geschichte europäischer Schmetterlinge*，1793–1842）、《欧洲蝶蛾全书》（*Sammlung europäischer Schmetterlinge*，1796–1838）、《异域蝶蛾全书》（*Sammlung exotischer Schmetterlinge*，1806–1838）、《习见蝶蛾纲要》（*Verzeichniss bekannter Schmettlinge*，1816）、《异域蝶蛾全书稿略》（*Zuträge zur Sammlung exotischer Schmettlinge*，1818–1837）等著作，这些著作大多配有精美的绘图（图 1），也成为此后欧洲博物学家研究世界蝶类的标准著作，在此后的蝶类研究著作中常常被引用。但是，许布纳对蝶类研究的贡献不仅在于纯粹的绘图艺术，更在于对蝶类多样性的分类学研究。在许布纳之前，尽管欧洲博物学家记述了许多蝶类，但他们仍然普遍认为，蝶类的特征差异不足以建立多个属，而许布纳则认为，蝴蝶这一类群内可以建立许多属，因此，许布纳大大扩展了为蝶类分类和命名的可能性，也为恰当地记述欧洲之外的蝴蝶提供了一个扩展性极强的分类学框架（Grote，1876：133）。

从地理上看，这一时期研究蝶类的重要欧洲博物学家大多集中于欧洲大陆，特别是中欧的德国。但与此同时，以德国学者为代表的欧洲博物学家，也逐渐开始将目光投向欧洲的边缘地区与欧洲之外的“异域”世界。中国蝶类就是在这一背景下进入他们视野的。

二、德俄博物学家研究中国蝶类的北方路径

研究蝶类的欧洲博物学家在将研究范围向欧洲边缘及欧洲之外扩展时，有两条主要的不同路径，因此形成了两个不同群体。其中一条路径是，这些博物学家的研究范围很自然地从以德国为中心的中欧，向东延伸到了当时的俄罗斯帝国，再经由俄罗斯进一步涉及中国。19 世纪帝俄的博物学家有许多德裔人士，或者同德国知识界保持着相当多的联系。18 世纪起，彼得堡科学院（Петербургская академия наук）就吸

图 1　许布纳《欧洲蝶蛾全书》图版中的一页

纳了许多德国学者，他们在俄罗斯从事研究，同时也常用德语写作。这些人可以恰当地称为研究中国蝴蝶的德俄博物学家群体。他们的博物学研究具有鲜明的地理特征：这些德俄博物学家大多从中国的西北或华北开始对中国蝶类的探索。

这批博物学家中，较早期的代表有彼得·西蒙·帕拉斯（Peter Simon Pallas / Пётр Симон Паллас，1741–1811）。1767 年，已经崭露头角的帕拉斯在俄国女皇叶卡捷琳娜二世的邀请下，在彼得堡科学院任教，此后还参与了对当时俄国东部边疆的考察，曾到过毗邻中国的黑龙江（俄称“阿穆尔河”）流域及阿尔泰山。很多在中国有分布的蝶类就是帕拉斯在《俄罗斯帝国诸省行记》（*Reise durch verschiedene Provinzen des russischen Reichs*，1771–1776）首次记述的。

然而，帕拉斯本人并未进入中国领土，不能对中国产的蝶类进行一手研究。真正对中国蝶类做专门研究的德俄博物学家，首推奥托·瓦西里耶维奇·布莱默（Otto Bremer / Отто Васильевич Бремер，1812–1873）和瓦西里·弗米奇·格雷（Wlliam Grey / Василий Фомич Грей，约 1827–1864 或 1896）。布莱默是一位建筑学家，同时也十分爱好昆虫。格雷则是一位园艺家，1860 年成为俄罗斯昆虫学会会员（Дубатолов，1996：342）。1853 年，二人合作发表了《华北蝶蛾志略》（*Beiträge zur Schmetterlingsfauna des nödrlichen Chinas*），记述的主要是北京及周边地区的鳞翅目昆虫。布莱默和格雷主要利用的是亚历山大·阿列克谢耶维奇·塔塔里诺夫（Александр Алексеевич Татаринов，1817–1886）从北京带回的鳞翅目昆虫标本（Bretschneider，1898：560；罗洛，1999：651）。塔塔里诺夫是一位医生，后赴中国，任第 12 届俄国传教士团医生。他曾在北京居住十年，在北京及周边地区做了相当多的考察，采集了大量植物和昆虫标本。但除了塔塔里诺夫，布莱默和格雷还利用了俄国外交官、东方学家、语言学家约瑟夫·安东诺维奇·戈什凯维奇（Иосиф Антонович Гошкевич，1814–1875）出使北京期间采集的鳞翅目昆虫标本（Bremer & Grey，1853：3）。在这部篇幅不长的《华北蝶蛾志略》中，布莱默和格雷共记录了 48 种北京周边的蝴蝶，其中有 15 个新种。考虑到今天已记录的北京蝶类种类约有近 200 种，二人所记述的蝴蝶的确数量可观，基本涵盖了北京地区的常见蝶类。布莱默和格雷发表的新种均用拉丁文和德文两种语言进行描述，但并未配完备的图版[1]。

在华北之外，俄国博物学家还积极地对中国西北、青藏的蝶类做了实地考察和深入研究。在这方面，最具有代表性的人物是谢尔盖·尼古拉耶维奇·阿尔费拉基（Сергей Николаевич Алфераки，1850–1918）和格里高利·叶菲莫维奇·格鲁姆–格尔日马伊洛（Григорий Ефимович Грумм-Гржимайло，1860–1936）。阿尔费拉基年轻时，曾于 1867 年至 1869 年在莫斯科大学学习了两年，但因为他的导师不支持他研究鳞翅目昆虫，退学转至德国德累斯顿师从著名的德国鳞翅学家奥托·施陶丁格（Otto Staudinger，1830–1900）。

[1] 书中提到了图版编号，但实际上这些图版并未随书刊印。

1873 年，阿尔费拉基回到了俄国，开始研究南俄的鳞翅目，随后又对中亚的鳞翅目昆虫产生兴趣。1878 年，阿尔费拉基结识了尼古拉·米哈伊洛维奇·普热瓦尔斯基（Николай Михайлович Пржевальский，1839–1888）。普热瓦尔斯基建议他从伊宁一带开始考察，这是因为当时伊犁地区正被沙俄占据，但根据清政府同沙皇俄国签订的外交条约，俄国应在不久后将伊犁地区归还给中国。在中国收复伊犁后，阿尔费拉基等人再在当地进行考察无疑会十分困难。于是，自 1879 年初起，阿尔费拉基前往伊宁采集蝶类标本。在当地，他结识了著名的瑞士裔俄国旅行家、植物学家约翰·阿尔伯特·冯·雷格尔（Johann Albert von Regel / Альберт Эдуардович Регель，1845–1909）。他们从伊宁城开始考察，沿伊犁河谷一路向西，最终到达了霍尔果斯附近。随后，阿尔费拉基等人回到了伊宁，并于 1879 年 5 月继续考察天山东部各地。在 1879 年的考察中，阿尔费拉基共采集了 12 000 号标本，他将其中的脊椎动物标本捐赠给了彼得堡科学院，但自己保留了所有的蝶类标本。阿尔费拉基花费了数年时间整理和研究这些标本，并于 1881 年至 1883 年间在《俄国昆虫学会会刊》（*Horae Societatis Entomologicae Rossica*）上发表了《伊宁地区及周边山区的鳞翅目》（*Lépidoptères du district de Kouldjà et des montagnes environnantes*）系列论文。阿尔费拉基共在北疆发现了 112 种蝶类，其中包括若干新种（图 2）。中俄新疆边界划定后，阿尔费拉基没能再进入中国境内，但他在 1886 年至 1888 年研究了普热瓦尔斯基 1884 年至 1885 年间在西藏采集的鳞翅目昆虫标本，以及俄国博物学家格里高利·尼古拉耶维奇·波塔宁（Григорий Николаевич Потанин，1835–1920）在中、蒙采集的蝶蛾。这些研究成果于 1889 年至 1892 年发表于俄国的《鳞翅目论集》（*Mémoires sur les lépidoptères*）。（Tuzov，1997：59–60）

格鲁姆–格尔日马伊洛则是俄国的旅行家、地理学家和动物学家，对中国西部做了长时间的考察。1884 年起，他开始进入中亚帕米尔高原，并在 1886 年到过中国喀什地区。在帕米尔考察之后，格鲁姆–格尔日马伊洛被选为俄国地理学会的正式会员，并获得了彼得·彼得罗维奇·谢苗诺夫–天山斯基（Пётр Петрович Семёнов-Тян-Шанский，1827–1914）的资助。1889 年至 1890 年，在俄国官方的支持下，格鲁姆–格尔日马伊洛主持了对中国天山和南山（祁连山一带）的考察。以往国内对这次考

图 2　阿尔费拉基《伊宁地区及周边山区的鳞翅目》图版中的一页

察的介绍，大多关注的是格鲁姆－格尔日马伊洛等人对脊椎动物的采集，但事实上，作为鳞翅学家，格鲁姆－格尔日马伊洛尤其关注蝶类。在他们采集到的35 000余号昆虫标本中，大多数都是鳞翅目昆虫。1891年，格鲁姆－格尔日马伊洛等人返回彼得堡，开始研究这些标本，阿尔费拉基等人也参与了这项研究。格鲁姆－格尔日马伊洛本人于1896年至1907年间出版了《华西纪行》（*Описание путешествия в Западный Китай*）一书，书中对他们采集蝶类的过程及种类做了相当多的记述。从1893年起，格鲁姆－格尔日马伊洛发表了《古北鳞翅目新种》（*Lepidoptera palaearctica nova descripta*）和《古北区鳞翅目新种或少见种》（*Lepidoptera nova vel parum cognita regionis Palaearcticae*）等一系列论文。这些论文利用他自己及其他学者在中国采集的蝶蛾标本，做了深入的生物地理学和分类学研究。（罗桂环，2005：192–193；Tuzov，1997：63–68）

布莱默、阿尔费拉基和格鲁姆－格尔日马伊洛只是研究中国蝶类的俄国博物学家的代表，除了他们之外，理查德·卡尔洛维奇·马阿克（Richard Maack / Ричард Карлович Маак，1825–1886）、米哈伊尔·米哈伊洛维奇·别列佐夫斯基（Михаил Михайлович Березовский，1848–1912）等人也都采集或研究过中国的蝴蝶。从地理上讲，研究中国蝴蝶的俄国博物学家具有十分鲜明的特点：他们中的大多数或者是德裔，或者与德国保持着紧密的联系；与此同时，他们考察中国的蝶类，是从中国北方入手的，研究对象也具有鲜明的古北界区系的特点。这当然首先是因为俄国的地理位置和俄国的对华政策，研究中国蝶类也是俄国博物学家对西伯利亚和中亚蝶类的研究在地理范围上的自然延展。在这一过程中，这些德俄博物学家在客观上起了将当时的鳞翅目研究中心德国与中国联系起来的作用。

三、英法博物学家研究中国蝶类的南方路径

与俄国博物学家不同，19世纪的英国和法国的博物学家研究中国蝶类则是沿着“南方路径”，这一点当然与英法政治、宗教势力最初进入中国的地理条件有关。其后果是，英法博物学家所研究的中国蝴蝶在区系上具有以东洋界为主的特点，中国北方的古北界种类是在后期才进入英法博物学家视野的。

英国博物学家中，研究中国蝶类的重要先驱是爱德华·多诺万（Edward Donovan，1768–1837）。多诺万本人并

不是一位经常旅行和考察的博物学家，但十分热衷于检视标本和为之绘图。他本人是林奈学会等多个学术团体的成员，可以较为方便地利用当时英国的动植物标本。1807年时，多诺万还建立了自己的伦敦自然博物馆暨研究所（London Museum and Institute of Natural History）。1798年时，他出版了中国昆虫学史上十分重要的《中国昆虫自然志要略》（*An Epitome of the Natural History of the Insects of China*）一书。这本书中有大量彩色绘图，这些绘图所依据的标本一部分是多诺万本人的收藏，一部分是他在其他人那里看到的（Donovan，1798：ii；常修铭，2010：220–221）。多诺万在书中共记述了31种蝴蝶，并为这31种蝴蝶绘制了17幅图版，记录了这些蝶类的属种特征、异名、寄主、分布信息等（图3）。多诺万采用的昆虫分类系统是林奈系统（例如，他使用的是“鳞翅目”，而非法布里齐乌斯系统的“有喙纲”），但也在正文中引用了法布里齐乌斯的著作。

尽管多诺万《中国昆虫自然志要略》一书绘图十分精美，奠定了欧洲博物学家认识中国昆虫的基础，也在欧洲获得了一定程度的流行[1]，但书中仍有一些错误，例如收录了一些中国并无分布的蝴蝶。19世纪30年代，英国昆虫学家、考古学家约翰·O. 韦斯特伍德（John O. Westwood，1805–1893）对多诺万的书做了全面的修订。韦斯特伍德修订该书的基础，是英国从广州一带采买的许多昆虫标本。韦斯特伍德根据当时的昆虫学进展更新了书中昆虫的命名、分类地位、分布地等信息，还重新绘制了图版（Donovan & Westood，1842：ii–iii），并将书名改为《中国昆虫自然志》（*Natural History of the Insects of China*），于1838年在伦敦出版。但无论是多诺万还是韦斯特伍德，他们都只能通过标本和他人的报告来间接了解中国的蝴蝶。韦斯特伍德本人也清楚地意识到这部著作所涵盖的地理区域相对狭窄，在新版《中国昆虫自然志》的序言中，韦斯特伍德感叹中华帝国的庞大和英国博物学家对中国昆虫物产的不了解。他还指出，从英国人的视角来看，中国的昆虫与印度、孟加拉的昆虫十分相似，但这是因为广州等地与孟加拉等地纬度相近，如果查看其他国家的昆虫学家对中国北方昆虫的研究著作[2]，就会发现中国北方昆虫与广州一带的昆虫

[1] 德国的约翰·戈特弗里德·格鲁伯（Johann Gottfried Gruber）将该书翻译为德文，于1801年在莱比锡出版。

[2] 韦斯特伍德指的是德国昆虫学家弗朗茨·法尔德曼（Franz Faldermann，1799–1838）关于中国北方鞘翅目昆虫的著作。

图 3　多诺万《中国昆虫自然志要略》图版的一页

截然不同，而更近似于俄罗斯中部的昆虫（Donovan & Westood，1842：iv）。

鸦片战争以后，英国人、法国人得以进入中国的更多地区，这使得 1840 年代以后成长起来的一代西欧博物学家能够从南方的广州向北扩展，加强他们对中国蝴蝶的了解。这一代博物学家的代表，可以举出威廉·伯吉斯·普赖耶（William Burgess Pryer，1843–1899）、夏尔·欧贝提尔（Charles Oberthür，1845–1924）和亨利·约翰·埃尔威斯（Henry John Elwes，1846–1922）三人。他们全部生于 1840 年代，卒于 19 世纪最后几年或 20 世纪初，他们的博物学活动主要集中于 19 世纪末叶。

威廉·普赖耶生于英国伦敦，早年便热衷于采集英国的鳞翅目昆虫。1860 年，他来到中国，在上海居住了 12 年。

根据普赖耶的自述，他在中国寓居期间一直尝试采集中国的蝶蛾，但由于公事繁忙，他很难有十天以上的假期，只能在上海周边采集，而在浙江和江苏两省就采集到了 86 种蝴蝶（Pryer，1877a：53–54）。普赖耶在中国发现了许多蝶类新种，其中很多新种由他本人和其他博物学家[1]发表在《昆虫学匣匮》（*Cistula Entomologica*）杂志上。有趣的是，普赖耶声称一些鳞翅目昆虫新种产自“中国北部”，但这里的北部实际上指的仍是上海、江浙一带（Pryer，1877b），这十分典型地反映了当时英国博物学家对中国南北划分的看法，以及英国博物学家在研究中国蝶类时，以华南为中心的地理视角参照系。

夏尔·欧贝提尔是法国昆虫学家，他家境富有，他的父亲弗朗索瓦－夏尔·欧贝提尔（François-Charles Oberthür，1818–1893）是法国的大出版商，也很爱好鳞翅目昆虫。夏尔·欧贝提尔在其父影响下，9 岁起就开始收集昆虫标本，此后在他人的帮助下，逐渐积累了数量庞大的鳞翅目标本。欧贝提尔政治立场保守，反对社会革命，但也因此与法国天主教传教士保持着良好的关系，利用了许多法国在华传教士采集的蝶类标本，例如谭卫道（Armand David，1826–1900）就曾为欧贝提尔提供标本。此外，由于欧贝提尔家族经营出版社，可以很方便地发表新种。仅在欧贝提尔出版社印行的《昆虫学研究》（*Études d'entomologie*）丛刊上，夏尔·欧贝提尔本人自 1876 年起，便发表了数篇关于中国蝴蝶新种的论文。其中，由于标本提供人大多是法国在华传教士，因此这些新种大多来自中国西南等当时属于法国势力范围的地区，其中还包括了许多藏区的蝶类[2]（图 4）。

真正进入中国西藏的博物学家是英国昆虫学家、植物学家亨利·埃尔威斯。埃尔威斯生于英国南部的切尔滕纳姆（Cheltenham），曾就读于伊顿公学，爱好旅行。1870 年，埃尔威斯随不列颠协会（British Association）前往锡金，并越过喜马拉雅山，进入了西藏。这次

[1] 如英国昆虫学家阿瑟·加德纳·巴特勒（Arthur Gardiner Butler，1844－1925）、弗里德里克·莫尔（Frederic Moore，1830–1907）。

[2] 欧贝提尔本人常常把“Thibet”（相当于英语 Tibet）和“Chine”（相当于英语 China）两词并列使用，这两个词实际上相当于所谓的“藏区”和“汉区”。昆虫学研究者邱见玥女士在一次访谈中正确地指出，欧贝提尔所说的“Thibet”并非现代行政区划意义上的“西藏”，而多指四川和云南的藏区，因为当时的天主教传教士未能深入青藏高原，最多只抵达高原的边缘（姜虹，2018：186）。

图 4　欧贝提尔的论文《藏区鳞翅目新种》（*Espèces nouvelles de lépidoptères du Thibet*）中图版的一页

考察使他爱上了蝴蝶，此后便不断收集蝴蝶标本。他共为伦敦自然博物馆留下了 11 370 号古北界蝶类标本（Salmon，2000：181）。埃尔威斯活动的地理特点是他试图考察此前英国人较少涉足的地区，如东北亚。1881 年，埃尔威斯发表了《论黑龙江流域、中国北部及日本蝶类》（*On the Butterflies of Amurland, North China, and Japan*）一文。在文中，埃尔威斯指出，欧洲博物学家对东北亚鳞翅目昆虫的研究很不完善，且十分零散，除了布莱默等人的著作之外，并无重要的长篇论著。而埃尔威斯则认为，令人感兴趣的并非英国人和法国人已有将近一个世纪了解的中国西部、南部及台湾地区，而是“我们几乎一无所知的中国北部蝶类”。而中国北部、黑龙江流域和日本三地的蝶类区系又极为接近，应当当作一个整体来加以研究。（Elwes，1881：856–861）随后，埃尔威斯根据已有的文献和标本材料，分析三个地区的蝴蝶种类及其地理分布。将普赖耶、欧贝提尔和埃尔威斯三位博物学家的活动连贯起来看，我们可以看到，这一代英法博物学家正是以中国南方的材料为基础和出发点，通过各种方式（亲自考察、由他人提供标本、综述文献）努力扩展研究中国蝶类的地理范围，这种努力和德俄博物学家从北向南的努力在地理方位上构成了对称的相向迁移。

埃尔威斯等人对东北亚蝶类的研究，为 19 世纪出版的中国蝶类研究集大成著作奠定了基础——这一著作就是英国博物学家约翰·亨利·利奇（John Henry Leech，1862–1900）的《中日朝蝴蝶》（*Butterflies from China, Japan and Corea*，1892–1894）。利奇曾在伊顿公学受教育，随后进入剑桥大学求学，属于当时的知识精英阶层。自儿时起，利奇就对博物学有浓厚兴趣，并系统地收集和研究鞘翅目及鳞翅目昆虫。在学生时代，因为一次用枪事故，利奇失去了左手，但他学会了用独手灵巧地捕捉昆虫和制作标本，并仍然热衷于野外考察——他曾经在海拔近 5500 米的喜马拉雅山上追逐罕见的姹瞳绢蝶 *Parnassius charltonius*（Leech，1892：viii）。1887 年后，利奇不再亲自出国考察，而是派人为他从中国、朝鲜、日本收集标本，由此积累了大量东亚蝶类标本。1889 年前后，利奇放弃了鞘翅目等爱好，专心研究东亚的鳞翅目昆虫，其研究成果便是具有里程碑意义的《中日朝蝴蝶》。（Anonymous，1901）《中日朝蝴蝶》分为三册，头两册为文字，另附有一册图版，绘图十分精细、美观、准确（图 5）。利奇的著作共记载了 600 种中国蝶类，是当时“最为完整的巨著”（周尧，2000：5），也是 19 世纪欧洲博物学家对中国蝴蝶的研究的整体总结。

四、余论

以分类学为核心的近代博物学是一门高度积累性的知识，翻检古旧文献、查阅原始描述在今天仍是分类学家的传统手艺。然而，探讨有哪些 19 世纪欧洲博物学家在记述中国的蝴蝶，其意义不仅在于为今天的昆虫分类学家提供某种历史上的知识注脚，同时，这项工作本身可以启发更专门的科学史研究。就大的方面而言，这当然是因为昆虫学史本身的研究现状——虽然昆虫有不逊于植物的多样性，昆虫学在历史上也已积

图 5　利奇《中日朝蝴蝶》图版的一页

累了相当丰富的材料，但昆虫学史却从未获得植物学史那样充分的研究，甚至在通常的生物学史写作中，哺乳动物常常都要比昆虫更容易获得关注。利用昆虫学史的丰富材料来探讨近代博物学的方法、概念、知识形态如何运用于昆虫这一数量最庞大的动物类群，是一项有意义的课题。就中国近代博物学史这个小的方面而言，研究者在对具体的博物学家进行细节性研究之前，首先勾勒一幅总的图景，无疑可以帮助研究者和博物学爱好者更好地把握哪些人物、著作、事件是更加重要的，并帮助他们确定单个博物学家在博物学整体知识地图中的地位。此外，当我们为研究中国蝶类的 19 世纪欧洲博物学家分门别类时，也可以推动科学史工作者去思考和探讨博物知识生产的地理学，以及“外来者”何以具有地方性等当代科学史研究感兴趣的问题。

参考文献

常修铭 . 认识中国——马戛尔尼使节团的科学调查 // 复旦大学历史地理研究中心 . 跨越空间的文化：16–19 世纪中西文化的相遇与调适 . 上海：东方出版中心，2010. 207–224.

姜虹 . 邱见玥：昆虫圈的跨界奇葩 . 中国博物学评论（第 3 期）. 北京：商务印书馆，2018：180–197.

罗桂环 . 近代西方识华生物学史 . 济南：山东教育出版社，2005.

罗洛 . 沙俄在我国边疆地区的考察活动 // 罗洛：罗洛文集：散文・译文・科学论著卷 . 上海：上海社会科学院出版社，1999. 643–690.

马伦，P. 彩虹尘埃：与那些蝴蝶相遇 . 罗心宇译 . 北京：商务印书馆，2019.

王思明，周尧 . 中国近代昆虫学史（1840–1949）. 西安：陕西科学技术出版社，1995.

武春生 . 中国动物志 . 昆虫纲 . 第 52 卷 . 鳞翅目：粉蝶科 . 北京：科学出版社，2010.

袁锋等 . 中国动物志 . 昆虫纲 . 第 55 卷 . 鳞翅目：弄蝶科 . 北京：科学出版社，2015.

周尧 . 中国蝶类志（修订版）. 郑州：河南科学技术出版社 , 2000.

Anonymous. The Late John Henry Leech. *The Entomologist*, 1901, 34： 33–38.

Bremer, O. & Grey, W. *Beiträge zur Schmetterlingsfauna des nödrlichen Chinas*. St. Petersburg, 1853.

Bretschneider, E. *History of European Botanical Discoveries in China*. London: Low, Marston & Co., 1898.

Dierl, W. Hübner, Jacob ed. *Neue Deutsche Biographie*, Band 9. Berlin: Duncker & Humblot,

1972：720–721.

Donovan, E. *An Epitome of the Natural History of the Insects of China*. London： T. Bensley, 1798.

Donovan, E. & Westwood, J. O. *Natural History of the Insects of China*. London： H. G. Bohn, 1842.

Elwes, H. J. On the Butterflies of Amurland, North China, and Japan. *Proceedings of the Zoological Society of London*, 1881, 49（4）： 859–917.

Grote, A. R. On Jacob Hübner and His Works on the Butterflies and Moths. *The Candadian Entomologist*, 1876, 8（7）： 131–135.

Kristensen, N. P. （ed.） *Handbuch der Zoologie. Band IV, Arthropoda: Insecta. Teilband 35: Lepidoptera, Moths and Butterflies. Volume 1: Evolution, Systematics, and Biogeography*. Berlin & New York：Walter de Gruyter, 1999.

Leech, J. H. *Butterflies from China, Japan and Corea*. Vol. I. London： R. H. Porter, 1892.

Pryer, W. B. List of Rhopalocera of the Chekiang and Kiangsoo Provinces, China. *The Entomologist's Monthly Magazine*, 1877a, 14： 52–55.

Pryer W. B. Descriptions of New Species of Lepidoptera from North China. *Cistula Entomologica*, 1877b, 2（18）： 231–236.

Salmon, M. *The Aurelian Legacy: British Butterflies and Their Collectors*. Berkely & Los Angeles：University of California Press, 2000.

Tuzov V. K. *et al. Guide to the Butterflies of Russia and Adjacent Territories. Volume 1: Hesperiidae, Papilionidae, Pieridae, Satyridae*. Sofia–Moscow：Pensoft, 1997.

Дубатолов, В. В. Каталог типовых экземпляров палеарктических медведиц （Lepidoptera, Arctiidae, Arctiinae）, хранящихся в коллекции Зоологического института РАН (Санкт-Петербург). *Энтомологическое обозрение*, 1996, 75（2）：338–356.

古代的百舌鸟文化

王朝旭　张　琳

摘要：鸫亚科鸫属的鸟类乌鸫，因能模仿其他鸟鸣叫，被古人称为百舌鸟，又称反舌、牛屎咧哥等，是古人很早就认识和饲养的一种鸟类，最早出现在《逸周书》《礼记》等古籍中。百舌鸟因其独特的鸣叫声而被人们注意，成为人们欣赏和饲养的鸣禽，因此留下许多优美的诗篇。古代一些诗人也借用百舌鸟鸣叫的特点，讽喻时政，批判现实，成为古代百舌鸟文化的重要组成部分。

关键词：百舌鸟；反舌；文化

百舌鸟，中文学名乌鸫、黑鸫，是鸫亚科鸫属的鸟类。百舌鸟在世界许多地方都有分布，在我国遍布于华南（包括海南岛），在西藏、新疆等处另有其他亚种（郑作新等，1987：155）。百舌鸟叫声嘹亮动听，善于模仿其他鸟的鸣叫，因此称为百舌鸟。中国古代有许多关于百舌鸟的记载，历史悠久，具有丰富的文化内涵。本文对古代百舌鸟的历史记载及其文化略作考述。

一、反舌无声

百舌鸟最初是以月令候鸟出现在古籍文献中的。从传世文献来看，最早有关百舌鸟的记载见于《逸周书·时训解》和《礼记·月令》。《逸周书·时训解》说："芒种之日，螳螂生；又五日，鵙始鸣；又五日，反舌无声。"《时训解》是《逸周书》中的一篇，"时"指"时令"，"训"意为"训教"，"时训"是关于时令的训教。《时训解》系统地论述了一年四季、二十四节气、七十二候，与《礼记·月令》《吕氏春秋·十二纪》《淮南子·时则训》等内容多有重合和相似之处，因此有些学者认为此篇出现较晚，可能是汉代的作品。黄怀信通过《逸周书》与《淮南子》的对比研究认为，“《时训》非汉人所制，而系春秋所传。”（黄怀信，1992：114）这说明，早在春秋时期，人们已经认识了百舌鸟，并了解了它的物候特征。

《礼记·月令》以阴阳五行为理论基础，系统地阐述了先秦时期的物候思想，可以说是先秦物候知识的总结，对后世的物候思想产生了深远的影响。《礼记·月令》对百舌鸟进行了如下描述：仲夏之月“小暑至，螳螂生，鵙始鸣，反舌无声”。（孙希旦，1989：448）这里的记述，与《时训解》略有不同，“反舌无声”是在小暑之后，而非芒种之后。这正是采桑养蚕的季节，所以古籍文献中，也把百舌鸟称为“桑鸟”，如《乐清县志》卷五记载：“百舌，一名桑鸟，春间作百鸟鸣。”从现代生物学角度来看，百舌鸟在春天处于发情期，它们以鸣叫声吸引异性，所以声音非常动听，一旦育雏，它们就不再鸣叫，并常常落到地面草丛中寻找食物，所以这时候会有“反舌无声”的现象，《逸周书·时训解》和《礼记·月令》的记载基本上是正确的。（胡淼，2016：55）

关于《月令》中的百舌鸟，后世有两种错误的解释。一是把百舌解释成虾蟆，如有人说：“虫鸣，蛙也。今谓之虾蟆，其舌本前著口侧而末向内，故谓之反舌。”（郑玄，1999：499）把青蛙当成反舌，理由是人们观察到青蛙吃虫子的时候，舌头会伸出来，捕捉到虫子后再飞快地卷回去，把这个过程称为“反舌”。但事实上，反舌指的就是百舌鸟，并不是指癞蛤蟆或青蛙。（熊春锦，2016：142）二是百舌鸟以蚯蚓为食物，如《朝野佥载》记载：“百舌春啭夏至，唯食丘蚓。正月后冻开，蚓出而来；十月后，蚓藏而往。盖物之相感也。”（张鷟，2018：172）其实百舌鸟是杂食性鸟类，春夏季节以昆虫的幼虫为主，如毛虫、孑孓、蝇蛆等；秋冬季节主要为植物性，如樟果、榕果及其他杂草种子。（樊增效，1982：39）

宋朝罗愿的著作《尔雅翼》记载：“反舌，春始鸣，至五月止。能变其舌，反易其声以效百鸟之鸣，故名反舌，又名百舌。”（罗愿，1991：147）这里记载了百舌鸟在春天出现，能模仿其他鸟类鸣叫的声音，因此称为“反舌”或“百舌”。明朝慎懋官《华夷花木鸟兽珍玩考》卷七《唤起》：“形不踰反舌，春晓则鸣，每声则连呼起字，其声圆滑如黄鹂，林薄丛密之处多栖息焉。”（慎懋官，2002：513）百舌鸟因在春天里鸣叫，报告春天的到来，因此又被叫作“唤起”。

明朝时期李时珍在其撰写的《本草纲目》一书中，对百舌鸟的生活习性与外貌进行了如下记载，“百舌处处有之，居树孔、窟穴中。状如鸲鹆而小，身略长，灰黑色，微有斑点，喙亦尖黑，行则头俯，好食蚯蚓。立春后则鸣转不已，夏至后则无声，十月后则藏蛰。人或畜之，冬月则死。”百舌鸟的外形与鸜鹆（八哥）相近但身体有臭味，所以古人又称为“牛屎八哥”。《易通卦验》云：“能反复如百鸟之音，故名鶷鸟。亦象声，今俗呼为牛屎唰哥，为其形似鸲鹆而气臭也。”（李时珍，2009：2657）李时珍所描述的百舌鸟与现代百舌鸟有三点不同之处。其一，现代百舌多栖身于平原、森林、村庄周边，时常成群结伴在地面上飞驰，在乔木主干上筑巢，而非居住在树孔、窟穴里。其二，现代百舌鸟与鸜鹆相似，但身子比鸜鹆细长，长约28厘米。其三，现代百舌鸟的喙是黄色或者褐色，而非黑色。百舌鸟雌雄异色，雄性百舌鸟眼圈和喙是黄色的，身上通身是黑色的。雌性和刚出生的百舌鸟通身褐色的羽毛，与雄性不同的是，喙是褐色的，也没有黄色的眼圈。另外，本草类著作还记载了百舌鸟的药用价值，认为百舌鸟的肉可入药，是补虚药、补血药原材料，可补气益血，对小儿语迟、头晕血虚具有疗效。《本草拾遗》记载：“主虫咬，炙食之，亦主小儿久不语。”（陈藏器，2002：213）

清代《钦定鸟谱》按照地域分布，把百舌鸟区分为南百舌和北百舌。南百舌又称作反舌、唤春、舍罗、祝鸠，即我们通常所说的百舌鸟。《钦定鸟谱》云：“南百舌，赤黑睛，黄眶黄觜[1]，通身纯黑，赤黑足。”《钦定鸟谱》又有北百舌：“雄者身如鸲鹆，黑睛浅黄眶红觜，通身深黑色，膊下白毛一节，翅根亦间以白色，苍红足黑爪。雌者黑睛白眶红觜，通身香色，背翅尾稍深。翅根微露白毛，苍红足爪。南方百舌，通身黑色，绝无红觜者也。”（北京图书馆藏清钞本，2003：522–523）

二、百鸟之音

百舌鸟的鸣声婉转动听，很早就引起古人的注意。南朝梁沈约、萧子晖都写有《反舌赋》，其中沈约《反舌赋》云：“其声也惊诡噂噆，萦纡离乱，骈浮回合，岩危琐散。或发曲无渐，或收音去半，既含意于将晓，亦流妍于始旦。杂

[1] 通“嘴”。

沓逶迤，嗷咷参差。攒娇动叶，促哢萦枝，分宫析征，万矩千规。”（《艺文类聚》卷九十二）这里以夸张的文学语言生动形象地描述了百舌鸟鸣叫的声音，说明古人很早就开始倾听、欣赏百舌鸟的叫声。

刘禹锡的《百舌吟》这样描述百舌鸟的鸣声：“笙簧百啭音韵多，黄鹂吞声燕无语。”（刘禹锡，1975：193）这句诗生动地描写了百舌鸟的声音。北宋隐逸诗人林和靖诗云：“百种堪怜巧言语，一般惟欠好毛衣。”（林逋，2015：93）百舌鸟虽然外表平淡无奇，却有着一副好歌喉。尤其每年三至七月处于繁殖期的百舌鸟歌声尤为动听，歌声洪亮婉转，能模仿其他鸟的鸣声，唱出悦耳动听的歌声。有“鸟中歌手”之称的画眉歌声有五十余种，而百舌鸟的鸣声多达一百二十余种。因此，宋代另一位诗人释文珦在《潜山集》卷六《反舌》中写道：“毛羽诚无取，禽中号善鸣。能将一片舌，巧作百般声。”

较早提及畜养百舌鸟的文献是宋代宋祁的《景文集》和《益部方物略记》，其中说：百舌鸟“绿衣绀尾，一啼百转；可樊而畜，为世嘉玩”（宋祁，1987：105）。这说明宋代已经有人畜养、观赏百舌鸟，但这里的百舌鸟出自四川，羽毛颜色也与现代百舌鸟的外形特征不一致，似乎是另外一种鸟。明朝时期，百舌鸟已经成为人们喜欢畜养的鸣禽，在江浙一带尤为盛行。文震亨《长物志》将百舌、画眉、鸜鹆归为一类，并说：“饲养驯熟，绵蛮软语，百种杂出，俱极可听，然亦非幽斋所宜。或于曲廊之下，雕笼画槛，点缀景色则可。吴中最尚此鸟。余谓有禽癖者，当觅茂林高树，听其自然弄声，尤觉可爱。”（文震亨，1984：125）百舌鸟在春天到来之时开始鸣叫，到夏天时止，其鸣声悦耳胜于以鸣叫见长的画眉。清朝时赵文楷对百舌鸟的鸣叫声曾有这样的描写：“桃花红未了，百舌闹春晓。能作百般声，枝头压众鸟。”（赵文楷，2002：10）

清朝陈淏子撰《秘传花镜》中《养禽鸟法·百舌》专门记载了百舌鸟的饲养方法：“百舌，一名鶷一名题鴂，又名反舌。随在有之，居树孔及窟穴中。状如鸲鹆而小，身稍长，羽色灰黑，微有几斑点，喙亦黑而尖。行则头俯，好食蚯蚓。立春后则鸣之不已，其声多十二啭，且能作诸鸟之音，最悦人耳，此际众芳生。夏至后则寂然无声，而众芳歇。至十月后，亦如龟蛇皆藏蛰不见。人或取而畜之，过冬多死。必须善养者，以护持之。”（陈淏子，2002：354）百舌鸟的驯养以选雏鸟为好，在幼年期，可喂食碎肉及豆粉、熟蛋黄、碎虫等饲料混合调匀，用竹篦挑着喂。成年鸟以蛋米为常备饲料，并喂养少量蚯蚓和昆虫，隔日供应软性瓜果等。（陈云霜、沈钧，2002：141）

三、巧言令色

从古至今，我国有许多关于百舌鸟的成语、谚语、典故。《逸周书·时训解》说："反舌有声，佞人在侧。"宋代罗愿《尔雅翼》解释说："反舌所以五月无声者，阳气极于上，阴气起于下，百舌无阴故无声，其有声则为异。"（罗愿，1991：147）古人以阴阳五行思想来解释百舌鸟鸣声的变化。百舌鸟之所以五月后不再鸣叫是因阳气上升阴气下降的缘故，在阴阳作用下，百舌鸟至五月不再鸣叫。芒种之后，如果百舌鸟仍然鸣叫，违背阴阳变化的规律，说明社会上有不正常的现象，一定是有奸佞之人在君主身边。

《淮南子·说山训》说："人有多言者，犹百舌之声。"注云："以喻人虽事多言，无益于事。"（刘文典，1980：531）意思是有的人话很多，多得像百舌鸟的鸣叫，但实际上无助于事情的解决。南北朝时期，北魏汝阴王天赐的孙子拓跋庆和任东豫州刺史时，恰逢南朝梁武帝萧衍攻城，他举城投降，萧衍封他为北道总督、魏王。后来，北魏出师讨伐，他又望风而逃。萧衍非常生气，责备他说："言同百舌，胆若鼷鼠。"（魏收，1974：450）拓跋庆和说话非常动听，但做起事情来，毫无胆量，像鼷鼠一样胆小，萧衍干脆把他贬谪到一个叫合浦的偏远地方。

唐代以后，许多诗人借用百舌鸟进行讽喻。唐代郑愔有诗《百舌》："百舌鸣高树，弄音无常则。借问声何烦，末俗不尚默。"（《全唐诗》卷一〇六）这首诗寥寥二十字道出了百舌鸟鸣声多变的特征，反映了当时人们对于世俗风气默不作声的社会现象。唐代伟大的现实主义诗人杜甫也以百舌鸟作诗："百舌来何处，重重只报春。知音兼众语，整翻岂多身。花密藏难见，枝高听转新。过时如发口，君侧有谗人。"（杜甫，1996：193）诗中借百舌鸟暗讽奸佞小人谗言欺君。

宋代张舜民有《百舌》诗云："学尽百禽语，终无自己声。深山乔木底，缄口过平生。"在这里，诗人借咏百舌鸟来讽刺那些只知道模仿不会创新的人。（王充闾，2016：110）百舌鸟看起来很聪明，能模仿各种鸟鸣的声音，变化多端，婉转动听，但却没有自己的声音。与其如此，还不如缄口不言，隐居深山丛林中，度过自己平凡的一生。

诗人道潜在其诗《绝句》中，用百舌鸟暗讽那些巧言令色之人，诗云："高岩有鸟不知名，欸语春风入户庭。百舌黄鹂方用事，汝音虽好复谁听？寄语东山窈窕娘，好将幽梦恼襄王。禅心已作沾泥絮，不逐春风上下狂。"这首诗极具讽刺意义，户庭里已经有百舌鸟和黄鹂两种善鸣的鸟，外来的鸟鸣声再好听，又有谁来欣赏？（张国动，2012：231）这首诗借百舌鸟来讽刺朝廷专权用事的政党。结合此诗历史背景来看，道潜的好友苏轼被贬，道潜也因作诗讽刺而获罪。诗中以无名鸟鸣声再好听也只能孤芳自赏，百舌、黄鹂圆滑的鸣声更多地受到青睐，将得势的政党比作鸣声圆滑的百舌鸟，讽刺了他们妒贤嫉能、排挤人才的行为。

北宋大学士苏东坡曾写过《安国寺寻春》，诗曰："卧闻百舌呼春风，起寻花柳村村同。城南古寺修竹合，小房曲槛欹深红。看花叹老忆年少，对酒思家愁老翁。病眼不羞云母乱，鬓丝强理茶烟中。遥知二月王城外：玉仙洪福花如海。薄罗匀雾盖新妆，快马争风鸣杂琨。玉川先生真可怜，一生耽酒终无钱，病过春风九十日，独抱添丁看花发。"（苏轼，1982：1035）诗人被百舌鸟悠扬的鸣声吵醒后，走出房间，看到了社会上诸多不公平。虽然玉仙观和洪福寺鲜花盛开，但这些景色却只能由统治阶级享用，处于社会下层的百姓过着惨淡贫穷的生活，"玉川先生真可怜，一生耽酒终无钱"便是残酷的写照。如前文所述，古人有的对百舌鸟进行吟咏，赞其善鸣，鸣声悦耳动听。反之，也有人用百舌鸟来讽喻油嘴滑舌、阿谀奉承之人。

参考文献

北京图书馆藏清钞本．钦定鸟谱 // 续修四库全书第 1119 册．上海：上海古籍出版社，2002.

（唐）陈藏器著，尚志钧辑校．本草拾遗辑释．合肥：安徽科技出版社，2002.

（清）陈淏子．秘传花镜 // 续修四库全书第 117 册．上海：上海古籍出版社，2002.

陈云霜，沈钧．家庭养鸟与驯鸟技术．上海：上海科学技术出版社，2002.

（唐）杜甫著，高仁标点．杜甫全集．上海：上海古籍出版社，1996.

胡淼．唐诗的博物学解读．上海：上海书店出版社，2016.

黄怀信．逸周书源流考辨．西安：西安大学出版社，1992.

（清）《乐清县志》卷五《物产・禽类》．北京：中华书局，1931.

樊增效．农林的卫士．北京：中国林业出版社，1982.

（明）李时珍 . 本草纲目（第 2 版）. 北京：人民卫生出版社，2009.

（宋）林逋著，沈幼征校注 . 林和靖集 . 杭州：浙江古籍出版社，2015.

刘文典 . 淮南鸿烈集解 . 北京：中华书局，1980.

刘禹锡 . 刘禹锡集 . 上海：上海人民出版社，1975.

（宋）罗愿著，石云孙点校 . 尔雅翼 . 合肥：黄山书社，1991.

（明）慎懋官 . 华夷花木鸟兽珍玩考 . 上海：上海古籍出版社，2002.

（宋）宋祁 . 益部方物略记 // 四库全书第 589 册 . 上海：上海古籍出版社，1987.

（宋）苏轼 . 苏轼诗集 . 北京：中华书局，1982.

（清）孙希旦 . 礼记集解 . 北京：中华书局，1989.

王充闾 . 诗性智慧：古代哲理诗选释 . 沈阳：万卷出版公司，2016.

（北齐）魏收 . 魏书 . 北京：中华书局，1974.

（明）文震亨著，陈植校注 . 长物志校注 . 南京：江苏科学技术出版社，1984.

熊春锦 . 中国传统节气修身文化 . 北京：中央编译局出版社，2016.

（唐）张鷟著 . 朝野佥载辑校 . 济南：山东人民出版社，2018.

张国动 . 中国历代讽刺诗选注 . 北京：文化艺术出版社，2012.

（清）赵文楷 . 石柏山房诗存 // 续修四库全书第 1485 册 . 上海：上海古籍出版社，2002.

（汉）郑玄注，（唐）孔颖达疏 . 礼记正义 . 北京：北京大学出版社，1999.

郑作新等 . 中国动物图谱·鸟类（第三版）. 北京：科学出版社，1987.

自然探究

城市博物观察

邹　滔

常居成都，作为一名野生动物摄影师，我常常在原始荒野和喧嚣城市这两种完全不同的生活状态之间切换。我从小就向往荒野，与日常生活的环境迥异的风景、奇特的物种对我有着无尽的吸引力。在我现在所从事的工作中，荒野仍然是我的激情和兴趣所在。广袤而多彩的西南山地正是中国最后的荒野之一，吸引我无数次去拍摄和记录，为之沉迷。

而在荒野之外，城市里的日常生活，也能让我意外地得以一瞥喧嚣城市中的自然故事；数百万拥挤的人口、不断扩张的道路与水泥森林、空气与水的污染，并未把自然的印记完全掩盖。这些发生在城市里的自然故事是如此动人，即使与纯粹的荒野相比，也毫不逊色。

一

绝大部分人都不曾意识到，现实版的《鸟的迁徙》每年冬天都在成都上演着。由于地处候鸟迁徙通道，加上水系众多、鱼虾丰富，冬季的气温也较为温暖，水面不会结冰，成都平原一直是众多候鸟的越冬地。候鸟在此觅食、休整，为来年春天的迁徙积蓄能量，千百年来一直如此。在中国境内所记录到的56种雁鸭类里，有超过30种都能在成都见到，成都周边的鸭子河、金雁湖等地，正是因此得名。

栗色的白眼潜鸭（图1）完成一年一度的大迁徙，从寒冷的北方繁殖地返回成都，常常集群在锦江和其他城市湖泊里嬉戏觅食，或者共同起飞，正好在

图 1　白眼潜鸭
拍摄时间：2012 年 12 月 1 日，地点：成都南瓜滩湿地

天空中组成一幅中国地图的轮廓。

二

在白鹭湖一大群正在理毛的白眼潜鸭中间，好像混进了一个异类。和其他鸟儿不同，它头部青黑色，是一只青头潜鸭（图 2）。全球现存的青头潜鸭数量还不到 1000 只，可谓极其濒危。青头潜鸭过去在中国境内非常常见，但因为盗猎和栖息环境的变化，数量显著减少，如今已经格外罕见，在各地都只有零星的记录。

和成都观鸟会的伙伴交流，得知这只雌性的青头潜鸭已经连续多年在成都过冬，但每次都是独自混在白眼潜鸭群中，看起来一直没找到配偶，让人怀疑它们真的已经到了同类太少以至于难以遇见异性的境地了。唉……

三

小荷才露尖尖角的时节，一只彩鹬（图 3）出现在成都“荷塘月色”的荷田里，大部分时候藏在荷叶丛中，不时慢慢悠悠地到水里觅食。

图 2　青头潜鸭

拍摄时间：2016 年 1 月 24 日，地点：成都白鹭湾湿地公园

图 3　彩鹬

拍摄时间：2016 年 4 月 18 日，地点：成都荷塘月色湿地

一般来说，鸟类的雌雄两性里体色鲜艳的是雄性，因为雌鸟对配偶的外貌有着苛刻的要求，选择更好看的雄鸟意味着能将更好的基因传给后代。在这种激烈的竞争下，雄鸟的颜值演化得越来越高，而雌鸟因为需要孵卵照顾后代，往往具有与环境类似的暗灰体色以更好地躲避天敌，提高后代的生存率。

然而，这只羽色鲜艳的彩鹬却是只雌鸟。彩鹬与大部分鸟类恰恰相反，有着不同的繁殖策略和分工：孵卵是鸟爸爸的责任，鸟妈妈常与多只雄鸟交配，只负责产卵和貌美如花。

四

春天依旧干枯的荷塘里，一只巴西龟（图 4）爬出水面正在晒太阳。既然叫“巴西”这样洋气的名字，它想必是外来物种。确实，巴西龟原产南美，作为宠物被引进我国，却因为被人丢弃或放生而进入自然水域，缺少天敌的制约而大肆繁殖。中国本土的龟鳖类数量已极其稀少，而占据类似生态位的巴西龟的泛滥，无疑让它们的处境雪上加霜。

但这只巴西龟的日子也并不好过，它正经受着巨大的困扰：游人随意丢弃的一条绳子把它紧紧勒住，龟壳变形成了 8 字形。

图 4　巴西龟

拍摄时间：2016 年 3 月 1 日，地点：成都荷塘月色湿地

五

路过一家川菜馆，招牌上的特色菜（图 5）让我眼前一亮：成都人民真是勇于担当，这是准备通过饕客们的嘴一举消灭为祸多年的两大入侵物种啊！小龙虾和福寿螺，一个来自北美，一个来自非洲，引入我国后，和巴西龟一样肆意蹂躏各地的自然水域已久，没想到在这里栽了跟头。

当然这只是玩笑，其实它们在成都的野外泛滥严重，光靠吃是解决不了的。

图 5　川菜馆的招牌

拍摄时间：2015 年 4 月 29 日，地点：四川师范大学附近

六

所有人都知道“守株待兔”这个成语，可你知道“守罾（zēng）待鱼”吗？用竹竿搭成架子，撑开一张四方的网，渔人坐在沙发上，不用走动就能通过绳子控制网的起降，然后慢悠悠地等待着鱼儿自投罗网。

这种网叫作“罾”（图 6），而这种捕鱼的方法叫作“扳罾”。千百年来，这样的场景常被文人骚客写入书画中，代表着一种闲静悠然的山水情趣。

不断的城市化让成都失去了往日的田园景象，但就在喧闹的绕城高速旁、列车飞驰的成渝高铁高架桥下，这种流传了千年的捕鱼景象，至今依然能见到。

七

小时候生活在农村，我印象最深刻的莫过于在田间河边摸鱼、沿溪流搬开石头捉螃蟹的经历。多年后回家，才发现故乡已面目难辨，当年村外芳草萋萋的小河成了一沟污水，从前处处可见的青鳉已经完全被入侵物种食蚊鱼替代，除了少量的麦穗鱼、高体鳑鲏，那些曾充满我童年记忆的五花八门的原生鱼类已经踪影难觅。

引入叉尾斗鱼、黄黝鱼、短体副鳅、稀有银鮈、四川华鳊……种下菖蒲、苦草、眼子菜、鸭脚板草，通过这个鱼缸（图 7），我开始重新认识原生鱼类和水生植物，关注各个地方的原生水环境。

留住它们，其实是为了留住自己的回忆。那些自然环境中闪光的瞬间，我希望未来我的孩子也能体验到。

图 6　河边的罾
拍摄时间：2016 年 4 月 18 日，地点：成都白鹭湾湿地公园

图 7　原生鱼缸
拍摄时间：2017 年 5 月 27 日，地点：邹滔家中

图 8　在成都遥望四姑娘山
拍摄时间：2016 年 7 月 15 日，地点：邹滔家小区楼顶

图 9　在成都遥望贡嘎山
拍摄时间：2017 年 7 月 24 日，地点：邹滔家小区楼顶

八

夏日的朝阳里，我站在小区楼顶，远远望着西边巨大的雪山，激动不已。

眼前，一道巨大的山影矗立在城市的西边，超过十座山峰的顶部仍覆盖着白色积雪。其中最为雄伟和高耸的一座，正是海拔 6250 米的四姑娘山幺妹峰。

它高高矗立在直线距离 120 公里外的天边，相比海拔 500 米左右的成都（即使加上大楼的高度），依然高出足足 5600 米！近处是繁华匆忙的喧嚣城市，远处是依旧栖息着大熊猫和雪豹的茫茫荒野，在家里就能看到这两者同处一个画面，这样的反差和统一令人震撼（图 8）。

九

自然的极致不止于此。

连绵的夜雨过后，天色渐晴。成都市区层层叠叠的高楼之上，天边的雪山一字排开，在朝阳下呈现出诱人的金色，遥远而清晰，梦幻而真实（图 9）。

这，竟然是与成都市区相距遥远的贡嘎山诸峰（直线距离 240 公里）。多座海拔 6000 米以上的雪山呈现眼前，我内心的激动无法用语言来形容。多年前，我曾在贡嘎山西坡的木雅藏族村子待了整整一年，熟悉那里的村民、雪山以及各式各样的野生动植物，贡嘎于我，虽在远方却如同故乡。

而在成都遥望贡嘎山的这一刻，我和贡嘎山从未如此之近。

Living as a naturalist, living as a naturalist in your city.

自然探究

听孩子们讲述大自然：北大附中博物选修课纪实

张继达

一

从 2009 年开始，北大附中、北达资源中学的一些教师在长期带领学生做野外考察活动的基础上，借鉴博物学的理念和内容，创造设计出具有学校特色的选修课程——博物选修课。

创建这门课程的缘由，是我们看到近些年来出现在孩子身上的与教育密切相关的诸多问题：不论是随学校还是家长外出游玩的途中，多数孩子对外面美丽的春光秋色无动于衷，始终低头玩着手机；我们带领孩子们野营，面对深邃夜空中的银河和满天星斗，相当多孩子不仅没有兴奋开心，相反十分恐惧和抵触；学生们在课堂和书本里学过不少自然知识，但是到了自然界中无法产生任何联想和反应……相当多学生在学习过程中缺乏持久注意力，对外界事物缺乏兴趣；不少学生变得孤独、焦躁、易怒，不会与他人和谐相处，缺少同情心、欺负同学或小动物；有些学生表现出不同程度的忧郁……我们认为，这与相当多学校只有单一的课堂教学模式和教师讲授学生被动诵读的教学方式有关。我们希望能够开设一门课程，力所能及地改变这种状况。这门课程就是博物选修课。

博物选修课面对的是初一和初二年级的学生。

我们在课程设置之初就非常明确地指出，冠之以“博物选修课”，并不是一个向学生讲授博物学知识的学科课程，其实质是借鉴博物学的方法、理念，力图基于这个阶段孩子的身心特点，考虑他们的天性，尽量使孩子自己发现和释放其潜能，在学习和活动中培养孩子自理、自信、自立、自强等综合素质的均衡发展，注重习惯、品行、品格的培养，为孩子的终身发展奠定必要的基础。

这门课程突出特点之一是实践性。课程设计注重引导学生直接观察、记录与思考自然现象，正确使用相关的工具与技术；强调体验式学习，让学生去自然中学习知识与技能，陶冶情操。

课程更深层次的考虑是引领学生投身到自然环境之中，接触自然、观察自然、感悟自然。在接触、感悟自然的过程中，体会生物多样性和可持续发展的思想，培养学生对自然和生命的热爱与敬畏。在此过程中学会与自然和谐相处，学会与人和谐交往；培养在自然环境中生存的基本能力，培养建立可持续发展的思想，为他们更加全面、健康发展奠定基础。期待学生们最终有一天能够对“天人合一”有所感悟和理解，最终真正做到“回归自然，敬畏生命”。

参加博物选修课时，学生先要根据自己的兴趣爱好和基础，选择和确定学习方向与课题（目的在于培养自主选择的能力与意识）。在该课程所有学习过程中，教师起引领和保障作用，学生主要通过自学以及和同伴的互助互学完成前期的学习。除去在学校学习必要的基础知识和基本技能，博物选修课重要的内容就是到野外参加实习考察（包括从短期到较长时间的多种类型），最终在学年的野外实习考察中完成全部学习内容及课题报告。

除必要的基础知识外，博物选修课不用平常学生熟悉的纸笔测试和分数对学业进行测评，而是要求学生完成一份课题报告，让参加博物选修课的同学一起来评价和分享。我们的课程明确指出，课题报告是学习和研究过程的阶段性成果记录，要体现我们参与课程的实践、思考、收获与反思。考虑到学生的年龄、学业以及水准等多种因素，课题报告不追求科研层次的成果和表达方式，但要求具备必要的求实素养、科学态度和人文品位。

每当学年结束，我们和学生们一起分享他们的学年报告时，总会有一种听不同孩子从不同角度讲述大自然故事的感觉。尽管这些故事可能稚嫩，但是纯真动听。我们总有一种愿意让所有关心孩子健康成长的人一起分享的冲动。

三种拟啄木鸟

（北达资源中学 2018 届 3 班　李子涵）

去高黎贡山之前，我对拟啄木鸟早有耳闻。由于在鸟类图鉴里经常翻看拟啄木鸟那页，所以印象特别深刻。此次百花岭之行，我们一共见到了三种——金喉拟啄木鸟、大拟啄木鸟和蓝喉拟啄木鸟。

先来介绍金喉拟啄木鸟吧，它是中大型鸟类，体长 19–24 厘米。我是在百花岭第一次见到它的。我们刚刚在隐蔽帐里坐好，就看见一只色彩艳丽的鸟站在离我们六七米远的枝头上，时不时“鞠躬”取食吊挂在树枝下面的柿子呢。

金喉拟啄木鸟

大拟啄木鸟

蓝喉拟啄木鸟

我在百花岭看到了不少鸟，但觉得就数金喉拟啄木鸟羽毛最绚丽、颜色最繁多。额头上的一点红色，就像爱臭美的金喉拟啄木鸟头上戴了一朵花，顶着花在林间到处“炫耀”；耀眼的金黄色喉部和头顶在太阳的照射下闪闪发光；翅膀两侧渐变的蓝紫色，好像是为了给翠绿的翅膀加些点缀，恰到好处的蓝边儿让整个翅膀显得格外别致；腹部的绿色绒羽给人带来了一种清新的感觉；颜色稍微深一点的背部则让我感觉到宁静；黑色的眉纹和黑色的喙把金黄的喉部衬托得更加靓丽。

在百花岭观鸟只需要静静等待，相对较为简单，但等待还是非常考验我们的耐心。经过差不多一上午的等待后，胆小的大拟啄木鸟终于鼓起勇气飞到了离我们六七米远处挂着柿子的树枝上了！已经等了快两个小时的我们欣喜若狂，把碗直接“摔”地上，抱起相机冲上前去拍照了。

大拟啄木鸟虽然没有金喉拟啄木鸟那样艳丽的羽毛，但它的朴素中也透着华丽。它的头部是带着光泽的深蓝色，上胸为棕色，背部为蓝绿色。身上的羽毛大片大片都是一个颜色，不张扬，却也很漂亮。低调的大拟啄木鸟把艳丽的地方都藏起来了：那红红的屁股，像森林里跳动的一把火。

蓝喉拟啄木鸟是我在等大拟啄木鸟时意外收获的。它当时就站在树梢上，我刚开始还以为是金喉拟啄木鸟呢，后来仔细一看，才发现那是蓝喉拟啄木鸟。

它和金喉拟啄木鸟相比，也具有华丽的飞羽，厚重的黑色喙，但不同的是它铜蓝色的脸颊显得格外清新，在额头和头顶还镶着两块“红宝石”，非常精致，让人忍不住还想多看几眼。百花岭之行，幸运地看见了三种拟啄木鸟，每一种都有其独特的韵味，真可谓不虚此行。

秦岭的红尾鸲

（北大附中 2016 届 4 班　董信宏）

北红尾鸲与红尾水鸲这两种鸟在全国分布甚广，在秦岭也很容易观察到。

看见北红尾鸲是在来到秦岭的第一天，那一天是由韩冬老师带领我们适应环境。刚一出宾馆，老师便指着电线杆上的一只鸟，说：“快看那是只什么鸟，这种鸟在秦岭很常见的。”我连忙拿起望远镜看向远方。只见这只鸟体形比柳莺大，也比山雀大。头顶部和胸部白色，尾巴橙红色。它还把尾巴朝上翻了一下，向我们卖了一个萌。这时韩老师不失时机地下了一个定义：“这是北红尾鸲，在秦岭分布极广，基本上在小镇上就能看到。”哦，我又往前走了几步，果然又看到了几只北红尾鸲。

回到宿舍后，我十分好奇，便又查找了相关资料。原来北红尾鸲十分依赖环境，在我们居住的保护区周围数量较多。因为秦岭处于南北交界线，植被丰茂，环境极好，所以北红尾鸲在长青自然保护区里数量很多。

我们看到红尾水鸲也是在到达秦岭南麓华阳镇的第一天。那是在刚刚走出华阳村时，门前有一条小溪径直穿过，我们走在桥上。我突然看到了一个小影子从我面前蹿过。我连忙拿起望远镜仔细观察，只见一只通体黑色，只有尾巴是鲜红色的鸟在石头上站着。令人匪夷所思的是，它和北红尾鸲一样把尾巴翻了起来。这时，韩老师说：“这是红尾水鸲，它的尾巴是鲜红色的，身体全黑，它和北红尾鸲一样喜欢翻尾巴。这和我们刚才见到的北红尾鸲一样，也是秦岭的常见鸟种。”

回到驻地后，我查找了相关资料，

才发现红尾水鸲与北红尾鸲都爱翻尾巴是红尾鸲鸟类的习惯，并非巧合。经过对比，我又发现，红尾水鸲和北红尾鸲的体形几乎相同，尾巴都是红色。尽管它们有同样的身躯，但它们的身体颜色不同，一个通体黑色，一个头部与胸部发白。且叫声不同，红尾水鸲基本不叫，而北红尾鸲的叫声是“兹兹兹兹”的。所以说虽然它们同属一类鸟，但不同点却很多。

北红尾鸲

后来听保护区的指导老师讲，如果运气好，在华阳古镇周边也有可能看到红腹红尾鸲和黑喉红尾鸲。

红尾水鸲（雄）

大自然真是奇妙，单是鸟类便分出很多种，即使同一个科，也能分出很多种不同的鸟类。大自然真是奇妙，不仅赋予了物种的生命，还赋予了它们遗传变异、不断演化的活力。啊！大自然真奇妙啊！

秦岭的花花果果

（北大附小四（4）班　焦典）

红尾水鸲（雌）

从小时候开始我就一直以为大自然就是我们身边的花花草草，可自从我作为小学生参加了中学大哥哥大姐姐们的“自然之翼·秦岭·博物考察夏令营”，亲临秦岭自然保护区里去欣赏、观察、寻找和学习，才真正领悟到大自然的美丽与神奇。

在秦岭自然保护区学习

到达秦岭后，老师按照大家各自的选择进行了分组，因为我年纪最小，所以我选择了参加考察路线比较近的植物组。刚开始我以为植物组是所有组里最轻松的一个组，可参加了一次活动后就不那么觉得了。因为在外出考察时，老师一边带领我们细心观察，一边还进行详细地讲解，我们就需要做大量的记录。由于我写字慢，笔记总跟不上，弄得手忙脚乱，还导致有些植物没认全。不过我并没有灰心，认真听，仔细记，每次我没跟上，那些友善的大哥哥大姐姐就主动走到我身边，耐心地一个字一个字地教我。最终我付出的努力没有白费，经过了短短几天的学习，我懂得了许多自然知识，认识了许多各种各样的植物，尤其是知道了可以从不同角度认识植物。

我学会了从花来辨认的植物有：

1. 卷丹，花呈橙色，上面有黑色斑点。它叫卷丹是因为它的花被是反卷的。茎上长有许多黑色的小圆球，有的同学以为那是卷丹的果实，其实那是它的种子，当种子落到地上时，会长出一株新的卷丹。

2. 夏枯草，花呈紫色，长在茎的最顶端，即使在夏季花枯萎了，也还能在茎上保持完好的形态，只不过颜色变成了棕色，“夏枯草”这个名字也由此而来。

3. 鱼腥草，花呈白色，样子很普通，就像开在漫山遍野的小白花一样。老师摘下一片叶子，把它撕成两瓣，让大家闻味道，果然有一股臭臭的鱼腥味。

4. 百合，花呈白色，中间的花蕊非常漂亮，有一股淡淡的清香，在密密麻麻的绿叶中真像一个穿白裙子的少女呀！

5. 一年蓬，菊科，花呈白色，外形就像一朵小菊花，遍布于山野之间，极易生长。

6. 日本绣线菊，花呈淡粉色，一朵朵小花紧紧地聚拢在一起围成一团，从远处看就像一朵大花。

7. 贯叶连翘，又名“赶山鞭”，花呈黄色，极像我们城市里经常看到的迎春花。由五片花瓣组成，围起来就像一

卷丹

夏枯草与蝶

百合

日本绣线菊

绶草

个小金钟。

8. 绶草，花呈紫色，就像一朵朵紫色的小铃铛挂在茎上，叶子又细又长。听老师说，由于它的花很小，很难对焦，拍起来比较困难。但我拍出来的照片非常清晰，也非常漂亮。

从叶子和果实来辨认的植物有：

1. 华中悬钩子，果实像小葡萄一样是一串一串的，当果实是红色时代表没熟，成熟后颜色是深紫色的。当大家看见这诱人的果实后，都争先恐后地去采来品尝，吃到嘴里感觉甜甜的。

华中悬钩子

2. 蛇莓，有红色的小果子，小巧玲珑很可爱。生长在路边上，不仔细看还真找不着。虽然看着好看，但吃到嘴里一点味道都没有。

蛇莓

3. 魔芋，叶子呈椭圆形，老师告诉我们平常所吃的魔芋丝和魔芋粉都是用魔芋做成的。

4. 金银花，茎呈藤本，盘在墙上。它的花可以泡水喝，有很好的疗效。

5. 蝙蝠葛，叶两边不对称，一边的叶子是凸出来的，一边的叶子是凹进去的，就像被虫子咬过一样。

6. 盘叶忍冬，叶子呈圆形，长得很像荷叶。它的果实很奇怪，从叶子正中间长出来。

7. 葛枣猕猴桃，果实枣核形，呈青色，一颗颗像风铃一样挂在树枝上。

野生的中华猕猴桃

8. 中华猕猴桃，广泛分布于山中各个地区，从一个同学吃了它的果实后脸上的表情，就能看出它非常的酸。

短短的九天过去了，大自然的美丽已经深深地印在了我的脑海里。虽然在此期间我经历了生病、落水、想家等许多不适和困难，可我还是坚持了下来。参加这次活动，不但丰富了我的自然知识，体会了与大自然亲密相拥的快乐，还锻炼了我的意志力和体力。以后有机会我一定争取再到美丽的秦岭，我们可爱的家！

岩之始

（北达资源中学 2018 届 2 班　石晶晶）

“自然之翼”的学年考察项目越来越丰富，自 2016 年开始在陕西秦岭地区的活动增加了地质方面的内容，为我们这些喜爱地学内容的同学提供了难得的机会。

在 2016 年秦岭的地质考察活动中，我们发现秦岭华阳古镇的主要岩石是花岗岩，但也有碳酸盐岩类岩层的出露，碳酸盐岩基本为大理岩。大理岩一般由石灰岩和岩浆岩接触变质形成，但我们在高海拔地区意外发现，在该区域的大理岩附近并未发现石灰岩，仅见到二长花岗岩，没有沉积环境，所以初步推测大理岩岩体的形成与岩浆活动有关，但由于时间有限，准备不足，没有进一步验证。

这次来到秦岭，我们继续研究了上一次的遗留问题，在陈廷礼老师的指导下通过观察二长花岗岩与大理岩的接触关系，探究大理岩的成因。

我们爬到山上，顺着岩壁寻找二长花岗岩和大理岩的两个接触面，用 GPS 测量两个接触面的坐标位置，用皮尺测量两个接触面之间的距离，并取样拍照，做好记录。我们还从大理岩中砸出了很多晶形完整的矿物标本，如方解石、云母、黄铁矿。

我们根据得到的数据和拍摄的照片，绘制了该地区的岩石剖面图。该地区有许多落石，但都是大理石，证明没有石灰岩，所以可以排除石灰岩和岩浆岩接触变质形成大理岩的可能性。通过观察，我们发现在二长花岗岩和碳酸盐岩的接触面上，有明显的大理岩侵入混染的痕迹，并且大理岩中发育良好的黄铁矿和金云母晶形十分完整，所以可以证明华阳镇石门瀑布地区大理岩是碳酸盐岩浆岩。

从 2009 年至今，我们的博物选修课已经走过了 10 年。10 年来，无论是在秦岭的华阳，还是在云南高黎贡山，或是海南鹦哥岭；无论是天空飞翔的鸟儿，还是地上爬行的虫子；无论是遗留在草丛里的熊猫粪便，还是闯入我们夜

地质组陈廷礼老师给孩子们讲解岩石矿物

地质组学生筛沙子

地质组考察

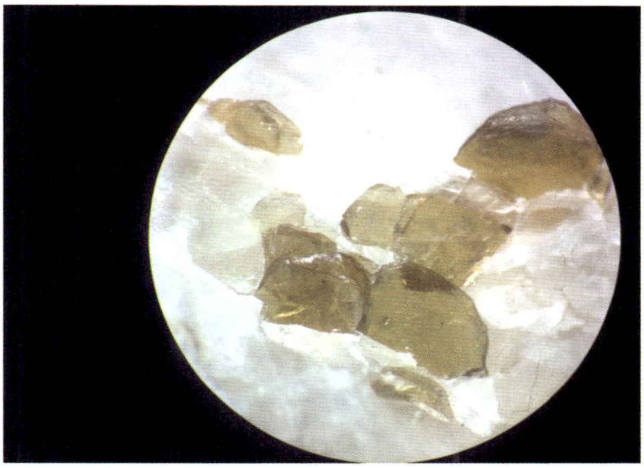

金云母

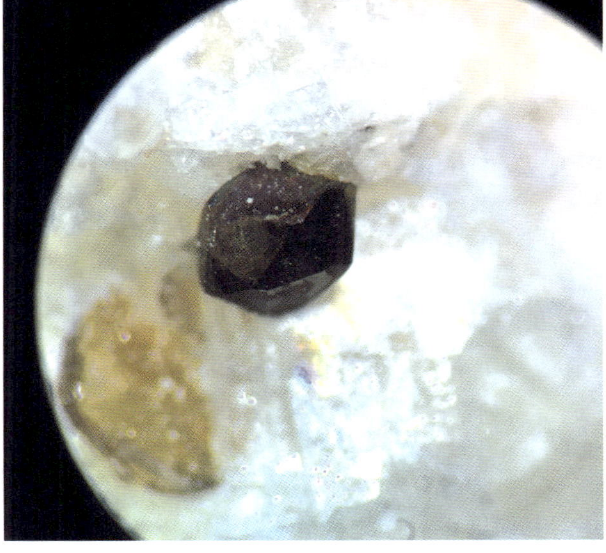

晶体

拍镜头中的生灵，都给孩子们提供了足够的观察与思考。听孩子们讲述精彩的大自然故事的时候，我忽然想起了美国作家梭罗说过的话："心灵与自然相结合才能产生智慧，才能产生想象力。"孩子们的感觉，就是对此最好的诠释。

二

这10年里，我们始终在思考学校教育的现实与理想之间的差距，探索弥补的方法和途径。由于长期以来传统的教育体制过于注重间接知识的获得（例如老师的课堂讲述和单纯书本知识的传授），学生的主动学习能力、思考观察能力变得令人忧虑，更难从对实际的观察中提出问题并进行探究。还有，由于传统教育模式的束缚，大多数学生在户外活动、团结协作以及向他人展示成就等诸多方面的个人能力上存在明显缺陷。这样传统的、单一的教学方式，在很大程度上制约了作为学习主体的学生们的学习积极性和选择性，不利于学生培养自主学习能力和良好的学习习惯。

我们开设的博物选修课，以学生在自然界中开展实践活动为主要的学习方式，通过学生在实践过程中对知识的自主学习和运用，培养新型的学习方式，探索与课题相结合的新型学习组织结构，探索课题研究与报告形式的新型学习评价方式。从这个角度讲，课程给学生们提供了一种全新的学习。博物课使学生的学习贴近大自然，贴近生活，学习的内容更加丰富多彩、生动活泼；博物选修课使学生的学习更加主动，有了更多的选择。博物选修课让学生在完成规定的基础课程之余，培养自身的兴趣爱好，发展特长；在学习过程中，获得更多更好地展示自己学习能力和才华的机会和平台。学生可以从多方面去体验学习，培养自己不同方面的兴趣和能力。学生的进步与发展，在他们每学年的课题报告中一再得到体现。每个学生的课题报告都是一篇精彩的大自然的故事。

不仅如此，近年来我们越来越明显地认识到，随着学生们对课程的深入学习，他们发生变化的不仅是学习主动性增强，也不仅是各方面能力提高；在他们观察植物世界时，在他们看到窗外的风景时，他们对自然界的认识理解在悄然变化，他们对人与自然关系的理解也在悄然变化……他们在讲述植物世界和窗外的风景时，背后流淌出的情感、意识和观念的变化，才是更让我们这些课程设计者和实施者感到欣慰和骄傲的。

我们继续听他们讲述大自然的故事，细细体会大自然给他们带来的诸多变化……

观察植物的世界

（北达资源中学 2015 届 5 班
李宛君　指导教师：薛英翠）

到野外考察使我认识到，不仅植物世界与我们人的世界大不相同，认真观察植物，还可以发现不同植物之间也有很多不同之处。

如平车前与大车前，它们都是车前科，同是一年生草本植物，叶基生，叶为平行脉。要想辨认它们，需要观察它们的根。大车前的根为须状根，平车前的根为主根。须状根相对呈扩散形，主根为条形，不扩散。

观察植物时，尽量不破坏它们的原有特征。观察植物的明显特征，如叶形、叶的排列方式（轮生、互生等）、花的颜色以及花瓣的数量和花冠的形状等。植物有的时候还可能会基因突变导致同种的个体之间出现差异。因为基因突变，有可能辨识不出原有特征，这时就应对样本尽量详细记录和拍照，返回驻地后查阅相关资料。野生环境里无奇不有，我们很可能发现一时辨识不出种类的植物，我们可以提出申请并在得到允许后把植物带回来观察，再查找它是哪个种类的，甚至进一步分析是不是一个新种。

观察植物可以用很多种不同的方

植物组考察

多边形的秋

桃花

缘毛鸟足兰（假天麻花）

金光菊与蝶

兰　怒放的生命

麝凤蝶

式，如绘画、解剖等。植物内在的知识是很丰富的，每一株个体都是一个生存系统，每一棵植物都是鲜活的生命，用不同方法观察，可以发现它们不同的地方。如蕨类，很多蕨类的叶片形状很特殊，有的像羽毛，有的呈几何图形，有的叶片甚至可以让人从中推出一些数学定理。

我认为观察植物不只在于分辨它的种类，也不是为了记住它的特征。每株植物都在演化过程中不断变化，它们的每个部分都有其独特的魅力。观察植物本身就是一种享受。研究植物可能并不是为了以后从事相关职业，而是去看自然中更多的风景，开阔自己的眼界，观察大自然的鬼斧神工，以及自然的神奇与美丽。

我们的世界并不狭小，可是我们个人能看见的世界却很有限。从一株植物的角度观察世界，能够了解更多生命的奇迹。生命是平等的，只有了解更多的生命，人才会清楚自己在自然界中的位置和角色。

当我们真正仔细观察植物时，也许就能像《绿山墙的安妮》中的安妮那样，走进自然母亲的怀抱，从心底喜爱、欣赏植物，认识它们，把它们当作生命中的朋友，喜欢它们、守护它们，揣着一颗向往自然的纯真的心，尊重生命，回归自然。对这一点，我们坚信不疑。

窗外的风景

（北达资源中学2017届1班　郇梓埼）

刚刚来到华阳古镇，就看到了一片乡村的景象：清一色的青瓦白墙房，时而有鸟叫声传来，周围一片绿色。在这片绿意环绕下的华阳保护站公寓，就是我们野外考察的宿舍。向窗外望去，是那条每天奔流不息的河和一座不高的小山坡。初次来到这间宿舍，便觉得这里并不豪华：厕所的热水器不好用，马桶里有一只冲不走的虫子，电灯也有几个坏掉了，那些能发光的也不算明亮……这是那种最普通最普通的屋子了，而且出去的时候还不能锁门，因为锁了门我们自己没有钥匙开。住进这里时不免抱怨：这种地方要住一个星期？天啊！

我最喜欢在窗前的那把小竹椅上写文章。上午的考察完毕后总是很累，闷热的下午便开着窗户，一个人抱着一台电脑，脱下鞋，将酸痛的两条腿架在桌子下的小台子上，不经意地往后一靠，吹着南面山里吹来的小风，啊！真是享受得不得了！桌上总是备着一架望远镜，一台相机，几个考察时没吃完的大饼和一瓶水。几天来的经历使它们成了这张桌子上的必备品。然而让我喜欢的

华阳

不是这张桌子，也不是这把椅子，而是窗外的世界。

在这里的第二天，我再次坐在这里，舒服地写着总结，突然间听见窗外有一只鸟发出了“怯，怯，怯”的叫声，声音很小很细，但离得很近。我疑惑地向窗外望去，只见离自己不到三米的电线杆子上赫然站着一只红尾水鸲的雌鸟！慌忙之下我赶快叫来了室友，她拿着相机急匆匆地赶了过来，“哗——”地一声拉开了窗纱，那只红尾水鸲早已飞得无影无踪了。从那以后，我的桌子上多了望远镜和相机两种东西。每当写到一半突然没思路时都会向外望一望，八成能够看见什么鸟儿呢！多次观察以后，我感觉附近一定会有红尾水鸲的巢穴。但很遗憾，为了我们的安全，老师规定我们在驻地时不可以随便出院子，所以一直没有机会找到一墙之隔的那个巢穴。

我很惊讶这对红尾水鸲会在离人这么近的地方筑巢，尤其是它们好像一点都不怕人，我的小卡片式相机都可以如此近距离地拍到它们，简直让我有些受宠若惊！原来观鸟并不一定要到人烟稀少的荒郊野外去观，在窗前的这个世界里也是一样的。几天近距离的观察使我更加了解红尾水鸲这种鸟，它特别的尾巴在伫立时总是在上下摆动，它的歌喉并不明亮，也没有那么动听，却十分“隐晦”，它常常停在树枝的顶端这类比较暴露的地方……我对这种鸟的熟悉使我在野外观鸟时可以比别人更快地认出红尾水鸲。

当然，经常在这里出没的可不只有红尾水鸲一种，还有一对夫妇！

对了！它们是一对漂亮的珠颈斑鸠！珠颈斑鸠虽然不少，但在秦岭这还

蜻蜓

朱鹮

珠颈斑鸠

红嘴蓝鹊打架

是我们第一次见到这种鸟。刚刚发现这对斑鸠时我和室友都不太确定它的种类，只知道是一种斑鸠，便赶紧拍了下来。对照鸟类图鉴后我们发现它看起来像是珠颈斑鸠，便欣喜若狂。可是这种斑鸠我们之前并没有见过啊，会不会是看错了？两个人又赶紧去找老师确认，没想到董老师不仅确认是珠颈斑鸠，还夸我们照片拍得不错！这让我们十分骄傲和开心。往后这两只斑鸠也成了这里的常客，时常能看见它们大摇大摆地在屋檐上活动。

蝉

竹节虫

福寿螺卵与昆虫

黄猄蚁

窗外是一个多姿多彩的“大千世界”，它带给我的不仅仅是美丽的风景，还让我明白了观鸟真正的意义。我总结出了这次让我体会最深的三点：一是享受观鸟时的感受，每当发现一只鸟儿时那种欣喜与激动是只属于观鸟人的，而且是难以言表的；二是将观鸟带到生活中来，在窗外，在树上，在草地上到处都是这种小精灵的身影，家门口的鸟类都没有看全，何必到荒郊野外去辛苦地找鸟呢？三是要认真地了解一种鸟类（哪怕只是一群麻雀），了解它的外形和习性特征，了解它的叫声，当你发现你可以像看到喜鹊一样快速地认出一种鸟类时，才算真正了解，而不仅仅是“知道”。

虫趣

（北大附中 2015 届 1 班　刘嘉怡）

我跳槽了，从原来的鸟组跳槽到了昆虫组。其实很久以前我就已经对昆虫产生了兴趣，随着时间的推移这种兴趣越加浓郁，所以我才萌生了跟着昆虫组去考察的想法。虽然只是短短一天的考察，却让我领悟到了除了鸟类以外其他绚丽的“风景”。

这并不是我第一次跟昆虫组去野外考察，在前年广西崇左的夏令营中，我因为闹钟设置错误导致没有跟上鸟组的

手绘（一）

手绘（二）

行程，而是跟着昆虫组外出。那时我对昆虫组的印象是可以在野外吃到好多好吃的。但渐渐地我发现，那些看似渺小的昆虫其实是那么美丽的存在。

有人认为昆虫很可怕，其实相反，它们并不会过多地打扰我们的生活。很多时候我们不会注意到它们身上美丽的花纹，其实昆虫的一些行为、动作透露着它们本身的灵动，它们与我们和世间万物一样，都是平等的，不应该被看作恐怖的存在。

细心，是我从中学到的。正是因为昆虫的“微小”，我们才需要用更多的心思去找到它们。有些虫也许还没有小手指指甲盖大，而且藏在石缝里；有些虫可能有半掌大，却附着在树叶背面，都不容易被发现。曾经跟随鸟组五分钟就可以走完的路，和虫组一起却用了将近四个小时，其中包含着无数的寻找与发现——正是走走停停才让我见到了以前不曾注意的风景，感受到了生命和自然的融洽。与虫组外出和观察灯诱让我领略到了昆虫的神奇，那些鳞翅目的昆虫从脆弱的毛虫开始，经历一次次蜕皮、成长，度过漫长的蛹期，最后飞向天空。小时候以为蛾子都是颜色暗淡，长相平淡的，而现在发现它们中的一些成员有着比蝴蝶还美丽的外表。昆虫十分独特，也很安静，可以直接用手去触碰，用指尖去感受它们表皮的质感，近距离观察它们的反应。

因为对昆虫的兴趣越来越浓厚，所以我开始尝试画昆虫，用绘画的方式记录，加深对它们的印象，由此可以发现，每只虫都有自己的性格。它们大部分都十分配合，会乖乖地停在手上。去表现它们并不需要复杂的笔触和鲜艳的颜色，用简单的线条就可以勾画，这种绘

捕食

画的过程仿佛是静止的，此时内心同样是平静的。如果不去绘画，我不会那么明显地感受到它们的微小，和这微小中透露出的内在的顽强，而这正是我喜欢它们的原因。

昆虫，其实就藏在我们身边，重要的是我们是否想去发现。细心观察，可以发现它们的一些行为是我们难以琢磨的。鸟和虫看起来是对立的，但两者之间却有着千丝万缕的联系，它们的关系并不仅仅是捕食和被捕食的关系。我想，这也是其中的有趣之处。

愿你曾敬曾畏

（北大附中 2016 届 3 班　徐凡茵）

群山吟诵
万叶蜂鸣
立足于万籁苍茫之间
凝望

没有信仰的自由人
却怀虔诚之心
洗去一身浮华
心中再无他念
俯首
唯有敬畏

我在我的第六次学年考察之前问自己：我为什么要一遍遍参加自然之翼的考察？

2014 年，我是一名初学者；2015 年，我在自然中成长；2016 年，我学会离别；2017 年 2 月，第五次学年考察，以一名不参与课题组的营员、一位学长的身份前往，我发现自己似乎一无是处。而2017年8月，第六次学年考察，朝圣婆罗洲（印尼人称加里曼丹岛），我又来了。

自然之翼教会了我太多，它在我真正开始看世界的年龄里给我带来了丰富的经历，还有对自然懵懵懂懂的敬畏。起初是在高黎贡山，面对被马缨花包围的一整块宽广的草甸和天幕，它出现了。我不知道这种全新的感受是什么，我想要歌颂自然，拥抱大地，却仿佛手足无措，动弹不得。后来走过了崇左、秦岭的深山，我又一次回到高黎贡山。

当我们寻找了许久的白眉长臂猿现身，长臂猿的叫声在我头顶正上方响彻天地的一刻，我竟想要落泪。那一瞬间的震撼我至今仍能记起，仿佛我所有的感官突然失灵，只留下听觉。我的世界停止运转，沉溺在悠长响亮的猿鸣声中。我这才真切地感受到，那些与我们如此相似的灵长类，离我是那么近。我们生活在它们的世界中。

我记得在自然中每一个新鲜又震撼的瞬间。在初一的一次夜拍中，我抬头向上望的那一刻，我的视线突然被宽广的夜空占据了。没有楼房，我目光所能触及的地方只有无边的夜空。夜色是那么遥远，似乎将我身旁的空气都冲刷黑了，它宽广得让人想要拥抱，可我的臂展远不能及；它是那么大，我费力地仰面、扭头，想要看清夜幕的边缘，却始终无法将浩瀚星海边缘弯曲的狭长山脊尽收眼底；它是那么大，大得令我束手无措。

这或许就是敬畏了，在自然之翼中被频繁提起，我却不明其意的敬畏一词。敬畏，或许是与喜悦、激动不同，而相近于幸福的情感；它贯穿在漫漫时空中，在震撼过后，后知后觉。在一切瞬时的感受结束后，仍存留的单纯的尊敬、赞美、渺小感，大抵就是敬畏。

这敬畏中的的确确存在畏惧。独自一人走在浓黑的夜中，没有手电筒，失去了视觉；或是在昏暗白日突如其来的一声惊雷之下，我会有一瞬间的恐惧。我曾经很不解，因为当时的我认为，热爱自然与畏惧自然是对立的。而如今我才明白，这是我们对强大的自然、对未知最正常不过的畏惧，只是人最真实的感受罢了。

而这敬畏中更多的是对博大的自然界的无限歌颂。我想用文字描述此行婆罗洲的一切：她壮美绚烂的旭日与夕阳、她的夜与虫吟，她的浓稠云雾与瓢泼大雨，她的瀑布一般的绿，和她的点点萤光。

婆罗洲是一个要么云雾缭绕要么水汽氤氲的地方，你只能看到清晨的云雾沉浸在山间，被朝霞照射得通透，又随着温度上升而从林间蒸腾而起，与翻滚

的低层云连成一片，而分不清云与雾的界限。四面八方围绕着云墙，向上看去，才有一个在云痕包围之上的蓝天。

在云与雾之中，涌动着电闪雷鸣，降雨了。雨与雾又连成一片，雨落雾升，弥漫在山间。绿得参差不齐的瀑布一般的丛林，隐没在朦胧之中。

西方的夕阳在浓厚云层间下沉，时刻变换着绚丽的光辉，直到天地间最后一道光线隐没在山峦后。鸟鸣随阳光消失，取而代之的是来自于丛林每一处缝隙间的虫鸣，震耳欲聋。

在黑夜的江中，人的眼睛适应了黑暗后，一点一点，从树梢到水面，一只只萤火虫显现了出来。随着人们上挑的呼喊声响起，黑色灌丛突然明亮、闪烁起来。人揉搓橙黄灯光的动作像是在召唤。萤光开始从它静止的地方起身，像是从天上洒下的沉睡的尘埃突然闪亮了起来，流淌了起来。那一片萤光倾巢而出，泻到了水面上。光点突然暗了下去，离水面那么近，莫非是沉下去了？可它又突然明亮了，贴着水面跳跃。缓慢地、轻柔地，大片萤光在温柔的夜色中流动到了我们身边。我伸出手臂，翻转着手掌，收放着指尖，它却在手指间旋转了一阵后，若即若离，飘浮着，越来越远，像一场梦，闪烁了一下便消失了。

在我这场大梦的回忆中，行走自然是单纯的。没有华丽辞藻与错杂念想萦绕在脑海中，只有贪婪的观察。自然界是如此博大，以至于每个人都忘记了自我。每一片云，每一棵树，每一粒砂石。石挨的草，草生的虫，虫息的树，树蒸的雨，雨凝的露，露清的石。这一切令人应接不暇。

在这大梦中，一行人缄默不语，缓慢行走于莽莽自然腹地之中。偌大的山林，稀少的人烟，在一亿三千万年间的葱茏兴衰中屹立，接纳我们一行过客的短暂驻足。

随后大梦初醒，人离开了，婆罗洲依旧是婆罗洲，强壮而茂盛着。

我参加学年考察，以朝圣者的身份来到自然中。而来这里朝圣，大概就是出于敬畏了。这是流淌在我们血液中，被自然之翼唤醒的对自然的爱。我尚未弄清敬畏究竟是什么，我也不再急于寻求答案。我为我们共同拥有一份内心深处的热爱而自豪，也为我心有所安之处，有所敬畏而庆幸。

我愿你曾盘踞星辰穹顶之下
瞰缥缈萤光浮于稠密林丛

我愿你曾赤脚踏入山涧
看斑驳水纹荡漾脚面

我愿你
曾安
曾静

我只愿你曾怀赤诚之心
徜徉于大千世界
去畏
去敬

至此，孩子们讲述的大自然的故事暂告一个段落。

但我们的思考未曾停止过。很显然，丰富多彩的自然界是锻炼学生们观察能力、提出问题和探究能力的理想媒介和有效平台。同时我们也认识到，回归自然界既不是目的，也不是唯一的途径。我们借鉴博物学的理念和方法，创设这样的方式和过程，重在打开一扇大门，使孩子享受观察大自然、研究大自然的乐趣，并从中得到情感和价值观的培养与提升。

在孩子们讲述的大自然故事的背后，我们看到了更深层次的东西：我们选修课所进行的是一种爱的教育，是一种生命的教育。

在博物选修课的学习过程中，对大自然感到亲近仅仅是孩子们的初级认识和感悟。这些孩子对大自然的理解，对生命的理解让我们更加坚定了做好自然教育的决心。

参考文献

李子涵 . 三种拟啄木鸟 . 自然之翼（内部文集）. 2016：42.

董信宏 . 秦岭的红尾鸲 . 自然之翼（内部文集）. 2014：62.

焦典 . 秦岭的花花果果 . 自然之翼（内部文集）. 2014：10.

石晶晶 . 岩之始 . 自然之翼（内部文集）. 2017：82.

李宛君 . 观察植物的世界 . 自然之翼（内部文集）. 2013：14.

郇梓堉 . 窗外的风景 . 自然之翼（内部文集）. 2015：68.

刘嘉怡 . 虫趣 . 自然之翼（内部文集）. 2015：42.

徐凡茵 . 愿你曾敬曾畏 . 自然之翼（内部文集）. 2017：135.

自然探究

“大山雀”与宁波孩子的博物故事

张海华

“同学们，你们认为什么叫博物？”

2018年年底，我应邀到宁波的一所小学做一个关于乡土博物的讲座。正式开始前，我先问了这个问题。

“博物，我觉得就是文物吧。”

“博物就是那些很珍贵、稀有的东西。”

“博物嘛，我想就是各种各样的东西。”

……

各式回答都有，但没有一个孩子明确地把博物跟自然联系起来。这不怪孩子们，他们的日常生活与所受的教育，本来就跟自然、博物有点远。别说孩子们，如果在大街上随便问几个成年人，估计能大致说清楚“什么叫博物”的人也不会多。

台湾陈冠学先生的有着浓浓博物情怀的散文集《田园之秋》在大陆出版时，有一个版本的书名被改为《大地的事》，估计编辑是想突出博物学的自然、乡土的属性吧。但现在的人们，确实对“大地上的事”有越来越疏远的趋势，该到了采取补救措施的时候了。

那么，该怎么补救？我想，很重要的一点，就是要“从娃娃抓起”，即在孩子们的心里从小种下爱自然、爱乡土的种子，甚至反过来再影响成人世界。在这里，我就不揣鄙陋，和大家分享一下自己的故事：我是怎么爱上博物旅行的，这种爱好如何被越来越多的人所接受，我又是怎么通过种种方式去影响孩子们的。

从“书呆子”到“野人”

先来说说我的“博物旅行简史”，即从“书呆子”到“野人”的故事。

近几年，不知有多少人曾好奇地问过我：你在大学里读的是动物学或植物学吧？或者是读鸟类学专业的？我回答：我本科读的是哲学系，研究生阶段读的是中文系的中国古典美学专业，最终拿的是文学硕士学位；至于工作，则是新闻记者与编辑。总之，我的学习和职业背景与生物学、博物学之类毫无关系，喜欢自然摄影与博物旅行完全是业余爱好，而且纯粹出于偶然。

2015年11月，我在自己供职的《宁波晚报》的副刊上开设了专栏“大山雀的博物旅行”，开栏第一篇文章就是《那群麻雀改变了我的人生》。文中说，2005年2月，在一次采访途中，我在宁波城郊的农田里偶遇成千上万的麻雀，于是忘了正事，跳入田中认真拍麻雀。这原本是无意的一拍，谁知此后竟一发不可收拾，狂热地爱上了拍摄野生鸟类。我几乎把所有的业余时间用来寻找、观察、拍摄野鸟，每天沉浸在“鸟类分类学”中，乐此不疲。

直到六七年后，我才终于对拍鸟稍稍有点“审美疲劳”了。因为，那个时候，我已经把在宁波有分布的绝大多数鸟类都拍到了，每次出去看来看去都是老面孔，就觉得有点不过瘾了。于是，我决定选择新的领域进行探索。由于工作岗位的变动，从2011年开始，有三四年我异常忙碌，常常只有周末晚上才比较自由。正因为白天缺少时间，我便打算去探寻本地两栖爬行动物，因为那些动物基本都是夜间活动的。

斑腿泛树蛙

不过，夜探自然谈何容易！

在2012年夏天我刚开始寻找、拍摄宁波蛙类时，根本找不到一本合适的图鉴。要知道，《中国两栖动物及其分布彩色图鉴》于2012年12月才出版，这是国内第一本全面介绍中国两栖动物的巨著，我于比较晚的时候才得知，然后买了它。起初，我能找到的关于本地蛙类的唯一资料是宁波市林业局的一份关于野生动物资源的调查报告，我记得该报告列出的宁波的蛙类有十六七种，但这份资料中除了一份蛙类名单外，并无相应的图片、描述可供辨识与了解。另外，不像拍鸟，国内同好者甚多；夜探自然，至少在当时，我几乎找不到同好者——这就少了很多互相交流、共同提高的机会。

于是，在背景知识几乎空白的情况下，我决定采用“笨办法”，即从自己熟悉的溪流开始，逐条去探索，相信一定可以弄个究竟。我购置了头灯、高亮手电、闪光灯，开始了夜间深山溯溪之旅。对黑暗的恐惧、对蛙类与蛇类的不了解，都使得拍摄困难重重。我花了 3 年左右的时间，受过很多惊吓，也闹过不少笑话，终于把宁波有分布的两栖动物基本都拍到了，并且证实宁波的蛙类有 25 种左右。

后来，我又重点关注宁波的野花、野果、昆虫等领域，虽然目前还处在浅尝辄止的阶段，但不管怎么说，在最近十几年间，我从一个“书生气十足”（多年前不少人对我的评价）的人，变成了一个“博物玩家”。不过，我想，自己从“鸟人”到“蛙人”再到“花痴”，始终未变的，是那颗热爱自然的初心。

大斑啄木鸟

蓝翡翠

小天鹅

杂色山雀

嘤其鸣矣，求其友声

诗曰：“嘤其鸣矣，求其友声。”自己热爱某样东西，就希望别人也能喜欢，这大概是人的一种习性。不过，我对自然观察与摄影的爱好，从一开始不被人理解到受到越来越多人的认可，还是花了近十年的时间。我认为，这在某种程度上，也体现了社会文明的进步。

所幸，一直以来，家里人还是比较支持我的，起码不反对。因为喜欢博物探索，我把大部分业余时间都花在了野外，陪家人的时间自然就减少了。妻子有时虽然也颇有微词，但她觉得我的爱好至少是积极健康、有益身心的，对孩子的影响也不错，因此并没有过多地干涉我。

不过，外面的人就常会用异样的眼光来看我。就像《丛中鸟：观鸟的社会史》（一本重点讲述英国观鸟史的著作）中所言，拿着望远镜到处溜达去观鸟，在很长时间内都被认为是一种怪异的行为。在现代观鸟的起源地英国尚且如此，遑论在中国！十几年前，当我挂着望远镜，扛着拍鸟的“大炮”（超望远镜头）在城市或乡野间转悠的时候，常有人好奇地围过来，问我在干什么，是不是在为拆迁或工程施工而做测量。当听说我是在拍鸟时，他就露出了非常诧异的神情，然后又一连串地问：“拍鸟？拍鸟有什么用？这地方哪有什么鸟？！”接着语气一转，又问：“你这个大镜头一定很贵吧？我知道了，你拍的鸟照片一定值大钱！”我哭笑不得，说：“拍鸟并没有什么用，更不能卖大钱，也就自己图个开心罢了！”对方将信将疑地走了。我暗想，他要么不信我的话，要么是在笑我是个败家子：居然把这么多钱花在观鸟、拍鸟这种无聊的事情上！

不管怎么说，得益于经济、文化水平的提高，拥有闲暇时间的人越来越多；同时，得益于拍摄器材与通信技术的发展，观察、记录自然与分享快乐变得更加方便。因此，喜欢自然观察与摄影的人是越来越多了。以我比较熟悉的浙江为例，在新千年最初的两三年，在整个浙江，观鸟（或拍鸟，下同）爱好者可谓屈指可数，但是，到了2010年前后，“鸟人”的数量已激增到难以统计清楚——类似情形在全国也出现了。甚至，由于拍鸟的人太多，甚至出现了“拍鸟大爷”这个带有贬义的称呼，它专门用来指那些喜欢拍鸟却又素质不高（甚至为了拍鸟而伤害鸟类）的人。当然，这是另一个话题，这里暂且不提。

继观鸟之后，喜欢夜探自然的人也逐渐多了起来。尽管这仍然是一个非常非常小众的爱好，但在浙江至少已经有了一小群人喜欢做这件事，其中不乏顶尖高手。他们组建了微信群，经常交流。

相比观鸟、夜探而言，更多人试着去了解身边的植物，尤其是拍摄野花。在浙江，熟悉本土植物的高手有很多，有的是高校等专业机构的研究者，有的是民间爱好者，彼此有良好的互动。在宁波，专业人士有著名的乡土植物兼蝴蝶专家林海伦老师，他30多年如一日行走于宁波的山水之间，发现了大量珍稀植物，相关成果时常在媒体上发表，也很受市民欢迎；民间植物爱好者中，最知名的是小山老师（本名胡冬平），他是政府官员，公务繁忙之余，亦致力于乡土植物的考察与识别，十分勤勉，2018年出版了《甬城草木记》一书。

在宁波，正因为喜欢博物的人越来越多，在最近的四五年时间里，公众对我们的这个“冷门”爱好的态度也在逐渐转变。特别是不少年轻的父母，深感在现行的教育体制下，孩子与大自然的隔膜越来越深，因此很乐意带孩子参加各种亲子自然观察活动。

虎斑蝶

绶草

野生铁皮石斛

“另类”老爸与“另类”女儿

在叙述宁波的自然教育及其他方面的博物文化传播活动的发展之前，我先来说说自己家里的情况——这虽然是一个特例，但相信对大家还是有一定启发性的。

我的女儿航航，生于2002年。在她3岁以后，她所看到的，是一个特别“贪玩”的老爸：每到周末家里就不见人影，张口闭口都是鸟啊，蛙啊，蛇啊，野花啊。

福建竹叶青蛇

家里有关博物学、自然观察、自然摄影的书到处都是，更不用说一打开电脑就全是各种野生动植物的图片。多年的耳濡目染之下，航航远比一般的孩子更了解身边的大自然。在我的《云中的风铃：宁波野鸟传奇》（下称《云中的风铃》）一书的“自序”中，我曾简要回顾了带女儿去博物旅行的一些经历：

> 从小到大，我都不愿意送航航去上补习班，而经常鼓动她跟我到野外玩，一起观察自然，去观鸟、看野花，乃至夜探溪流。犹记得她读小学时，在暑假里央求我一定要带她去夜拍，起先我出于安全考虑，不肯带她去，后来实在拗不过，就答应了。那天晚上，她刚踏入溪流，就激动地喊了一声：夜间科考开始啦！这场景我永远都不会忘记。后来胆子越来越大，2014年夏天，我带女儿夜探西双版纳的热带雨林，近距离观察竹叶青蛇，还不小心惊动了黑蹼树蛙，有一只蛙直接跳在了航航身上。我轻轻把它放在女儿手心，然后由它跳走。
>
> 我们甚至曾鼓动女儿“逃学”去看日环食。那是2012年5月，航航还在读小学四年级。难得一见的日环食可以在厦门看到，于是我和她妈妈费了好大劲，才说服女儿不上学一天，而跟我们一起去厦门。于是，那天我们在沙滩上目睹了海上带食日出、犹如燃烧的“魔戒”的日环食等令人震撼的奇伟天象。
>
> 航航从小就喜欢画画。记得她很小的时候就会照着绘本画鸟，画得很快，而且挺不错的。但迄今为止，她从未接受过任何专业美术训练，都是自己在捣鼓。而且，我也一直没有真正发现她的绘画才能——直到2016年暑假。当时她告诉我，老师布置了一份跟自然观察有关的作业，而她决定用水彩来手绘宁波的20多种蛙类。我大吃一惊，心想你会画吗？最后，当女儿把她的作品一幅幅拿出来时，我简直惊呆了。我把航航画的蛙发到了新浪微博上，得到了不少国内的博物绘画“大神”的表扬。
>
> 也正是因为画蛙有了一点小名气，在2017年年初，应《知识就

普通翠鸟　张可航手绘

武夷湍蛙　张可航手绘

马兰　张可航手绘

茅莓　张可航手绘

行知天下

雨蛙的季节

12个月的自然观察笔记

撰文／张海华　绘图／张可航

五月的江南，冷暖气流时常打架，雨说下就下，天气潮湿闷热……我们人类对此是颇不耐烦的，但有一种绿色的小精灵，对于雨的感受却跟我们完全相反。它们会用响亮的歌声表达自己的欣喜，雨下得越大，它们的合唱就越响亮、越热烈。

这就是雨蛙。雨蛙有好多种，在国内最多的恐怕便是中国雨蛙。这是一种数量极多的蛙，但见过的人并不多。一开始，我也想不明白其中的道理，直到后来亲眼见过它们几次后，才恍然大悟。

隐身高手

一只碧绿的小蛙趴在芦苇叶子上，微微探出头，萌萌的大眼睛特别惹人喜爱……几年前，我的朋友李超在宁波近郊的荪湖边拍到了这样一张中国雨蛙的照片。荪湖是我经常去拍鸟的地方，后来，我每次到荪湖也曾留意寻找，但始终见不到雨蛙。

于是，我查了大量的资料以便了解雨蛙的习性，得知中国雨蛙在华东、华南、台湾等地均有广泛分布，主要生活在海拔较低的山区。它们白天要么匍匐在石缝或洞穴内，要么隐蔽在灌丛、芦苇、美人蕉以及高秆作物上，通常夜晚比较活跃，出来捕食金龟子、蟓象、象鼻虫等昆虫。雨蛙一般在春末夏初的大雨后出来繁殖，这时它们才可能在白天出来活动。

这么说来，雨蛙平时在白天不大活动，要夜晚去寻找才容易找到。

后来，我迷上了夜拍，经常在春夏的周末夜晚进山，去寻找两栖爬行动物。有一天晚上，我和李超、信信一起到四明山里夜拍。我一边找一边又唠叨了起来："怎么还是找不到雨蛙啊？不是说挺常见的吗？"

话音未落，李超突然说："啊！这不就是吗？"

我以为他在开玩笑，可顺着他的手指定睛一看，真的见到一只雨蛙正趴在路边灌木丛的叶子上，而且就在我身边！

第一次见到雨蛙的真身，我的心跳微微有点加速。它真的好小，还没有我的拇指大。它的背部呈绿色，腹部两侧至大腿分布着黑斑，这些都形成了它良好的保护色，与植被浑然一体。

后来有几次，我都是在拍其他东西的时候，忽然发现树枝或竹叶背后居然贴伏着一只雨蛙，只见其四肢收拢，一动不动如熟睡状。如果不是无意中看到，而是刻意寻找的话，恐怕还真的难以找到它们。

爱情音乐会

当5月的大雨来临，山脚的池塘、水洼中都盈满了雨水，老远就能听到周边全是响亮而尖锐的"阁、阁、阁"叫声。我悄悄走近半人高的草丛，明明听到蛙鸣声是从这里传出来的，可却怎么找都找不到。找了好久，才终于在草丛深处，看到一只碧绿的雨蛙紧贴在草叶上，正卖力地鼓着声囊欢唱呢！随着它的肚皮一扁一鼓，其喉部就"吹"起了一个比其头部还大的泡泡，那样子颇为滑稽。

我耐心寻找，在一个只有几平方米的小水塘旁，居然发现了约20只雨蛙。它们叫一阵就会暂歇一下，没多久，只要附近有一只雄蛙再次带头叫起来，周围众多的雄蛙就会马上跟进，而且一个比一个叫得响，谁也不肯服输。若你近距离蹲在草丛边上听，耳朵甚至会受不了它们的叫声。

不过，雨蛙也很警觉。在我拍照的时候，只要稍稍碰一下附近的草叶，它就会马上停止歌唱，缩紧四肢，紧贴在叶子上，完全与环境融为一体。等我走开几分钟之后，它们才会继续鸣叫。雄蛙们都想通过歌唱大赛赢得雌蛙的芳心，因此这是一场不折不扣的爱情音乐会。

有几只雄蛙凭借嘹亮的歌声先找到了意中人。它们开始找个地方抱对，准备在水洼中产卵。这时如果受到惊吓，雌蛙会"驮"着雄蛙游走或跳到比较隐蔽的地方。

陌生的"老邻居"

我还曾见过极为搞笑的一幕：一只雄性雨蛙竟然紧紧抱住了一只斑腿泛树蛙在求偶！可怜这只斑腿泛树蛙拼命挣扎，但就是无法摆脱雨蛙的热情拥抱。蛙类是采用抱对的方式，通过体外受精来繁殖的。但在荷尔蒙的刺激下，经常会有一些雄蛙变得昏头昏脑，一把抱住别的蛙类就开始求欢了。

雨后的晚上才是中国雨蛙求偶、配对的高峰。那时，在一个小池塘周边，它们的数量就可能达到数百只。而且，借着夜色的掩护，雄蛙会大大方方从树上下来，或者爬出草丛，在枝条或叶片的显眼处竞相鸣叫。权威资料上说，中国雨蛙的雌蛙一次可产卵236~682粒，卵群附着在水草或池边石块上。到5月下旬，即可见到幼蛙。

一过了春末夏初的繁殖季，再到野外找雨蛙就不大容易了。因为到那时，它们又会分散到树上或灌木丛中活动，而且一般不再鸣叫。因此，尽管它们的种群数量很多，但一般人平时依旧难得一见。

去年5月，受朋友之邀，我到宁波的一个山村看当地的生态环境。那天雨后初晴，刚进村，老远就听到"阁，阁"的叫声。我说："雨蛙在叫！"于是，我领着身为村干部的朋友，循声转过一幢房子。果然，就在一所老宅前的院子里见到一只雨蛙，当时它正趴在一棵枣树上鸣叫呢！朋友惊异地看着我说："你怎么知道这里有这种蛙？它这么小！恐怕近在眼前我也不会注意。"

是啊，对于身边的"老邻居"，我们所忽略的，又岂止是雨蛙呢？

（作者简介：张海华，新闻记者，宁波市野生动物保护协会副会长。有着10年野外摄影经验的自然摄影师，业余主要致力于宁波及浙江的野生鸟类、两栖爬行动物、蝴蝶、野花等方面的拍摄及自然文学的创作。绘图作者张可航，宁波滨海国际合作学校九年级学生，自学绘画。）

（责任编辑／王澄）

张海华父女合作的自然笔记专栏之"雨蛙的季节"（刊登于《知识就是力量》2017年第5期）

是力量》杂志之邀，从2月的那一期开始，我们父女俩开始合作做"自然笔记"专栏，每月一期，我负责写作，女儿则负责博物插画。

除了一起做“自然笔记”专栏，我还和女儿合作做了不少事。例如，2017年4月，受“TEDx在宁波”之邀，父女同台发表关于当代儿童的“自然缺失症”的演讲，演讲视频获得TED中国的官方微博转发。2017年7月，航航受第二届罗梭江科学教育论坛组委会之邀赴西双版纳，作为本次论坛年龄最小的演讲嘉宾，在论坛上发表了题为“自然观察，从水彩开始”的演讲。2017年11月，我的《云中的风铃》出版，航航为此书的封面提供了鸟类插画，读者反响非常好。2018年11月，我的《夜遇记》出版，航航为此书提供了大量插画，手绘对象包括宁波所有的蛙类以及部分昆虫、蛇类等。

大山雀，从网名到“品牌”

在女儿身上看到自然教育的效果后，仿佛有一种力量在背后推动着，我和妻子开始试着在宁波推广自然观察活动。犹记得，我们第一次组织正儿八经的活动，是在2015年10月底，到宁波市区的白云公园去观鸟，观鸟结束后又到附近的咖啡馆做了一次观鸟小讲座。巧的是，同年11月，“第二届全国自然教育论坛”在杭州举行，我和妻子也赶去参加了，这是我们第一次比较全面地了解“自然教育”这个概念。由此我才知道，原来带孩子们去观鸟，给大家做观鸟讲座，就是在做自然教育。从那以后，我们每年都利用双休日或寒暑假，组织各种亲子自然观察活动，除了观鸟，还包括赏野花、夜探自然等，由于类似的活动此前在宁波从未开展过，因此很受欢迎，每次有限的名额都被一抢而空。

与此同时，说来也神奇，我当初随便取的网名“大山雀”，最近两三年间在宁波居然逐渐变成了一个公众认可度颇高的“博物品牌”。关于这事，且让我从头说起。2006年春，刚开始拍鸟的我加入了浙江野鸟会，顺便给自己起了个网名“大山雀”。现在做自然观察活动的人，似乎很流行取一个自然名（通常是用一种动植物的名字），而我当初也是在无意间取了这么一个自然名。很多人曾好奇地问我：为什么取名叫“大山雀”？我说，当我还是个连常见鸟都不认识几种的“菜鸟”时，曾想当然地认为，大山雀既然名为“大”，则肯定是一种体形很大的山雀，后来当真见到大山雀时，不禁又好气又好笑，什么？这么一只跟麻雀差不多的鸟，居然也敢号称“大”山雀？于是我就拿这个鸟名作为我的网名，暗含自嘲的意味。

但有意思的是，随着一系列博物文章的发表与活动的开展，“大山雀”在宁波的知名度越来越高，甚至很多人不

斑腿泛树蛙跳到了一位爸爸的手上

孩子们在野外认植物、学古诗

夜探宁波东钱湖马山湿地　杨辉摄影

夜探宁波日湖公园

在报社组织的活动中，张海华在为大家分享自己的自然故事　杨辉摄影

张海华在为大家分享自己的自然故事　邬鸿玉供图

读小学时的张可航在野外观察蛇蜕

宁波的“鸟人”在野外观鸟和拍鸟

知道我的本名“张海华”，却听说过“大山雀”这么一个“鸟人”。

说到写博物类的文章，其实很惭愧，作为一个读过哲学、文学、古典美学等专业的文科生，我平时竟只顾痴迷于野外摄影，而疏于写作。多年前，妻子就劝我：“照片拍得好的人多得很，你的优势在于把影像与文字结合起来，所以应该多写写。”我知道她说得很对，但还是懒，不肯动笔。

直到2015年秋，时任《宁波晚报》副总编的袁志坚再三叮嘱我：“海华，你拍了这么多年鸟，野外的故事这么多，你应该赶紧写出来，与大家分享，相信大人孩子都会喜欢看的！”就这样，我“受命”在《宁波晚报》上开设了“大山雀的博物旅行”专栏，一般每两周或一周刊登一期，直至今日，已有3年多，从未间断，共发表文章110多篇（通常以整版的篇幅），这些文章以介绍自己的博物旅行经历为主，尤其注重以故事的形式讲述宁波本地的各种野生动植物，因此颇受读者欢迎。很多家长告诉我，他们原来都不大看报纸了，而现在为了“追”我的博物专栏，特意去订了一份《宁波晚报》，有人甚至把每一期的专栏版面都保存下来，跟孩子一起看。

后来，袁志坚先生调任宁波出版社总编辑。出于对我个人及博物的了解，也出于对有关博物学的出版物市场前景的看好，很自然地，他请编辑徐飞约我写一本关于宁波本地鸟类的书。很快，宁波历史上第一部关于本地鸟类的科普著作，同时也是一部自然文学作品，《云中的风铃》于2017年11月出版。同时出版的还有本地植物爱好者“小山”所著的《甬城草木记》。这是宁波出版社第一次推出跟当代乡土博物学有关的书籍。

很荣幸，《云中的风铃》获得2017年度浙江图书出版政府最高奖“浙江树人出版奖”，并于2018年秋获中国首届自然好书奖。2018年11月，作为“大山雀的博物旅行”系列出版物的第二部，我的《夜遇记》出版。这是一本关于夜探大自然的书，此书第一次全面介绍了宁波的两栖动物。

不过，我事先没有想到的是，《云中的风铃》与《夜遇记》都广受孩子们的欢迎，很多小学生对这两本书爱不释手。说真的，我在写这两本书的时候，虽然力求写得生动有趣，但并未想过要写给孩子们看。由此我感觉到，孩子们的天性是“与自然无隔”的——只要给他们以机会和条件。

在坚持做报刊专栏与书籍出版的同时，我跟宁波市图书馆合作，推出了一个以推广博物学为重点的平台。那是在

2016年春，宁波市图书馆副馆长贺宇红女士跟我商量，能不能尝试在图书馆创办一个“自然学堂”，目的在于以创新的形式，以“爱自然，爱乡土”为导向，推广家庭亲子阅读。我对此非常感兴趣，一拍即合。于是，从2016年6月开始，宁波市图书馆正式推出“天一约读”之“大山雀自然学堂”系列讲座，每月一期，利用周末时间，由我以演讲、互动的形式，跟读者分享自己的自然观察与博物旅行的故事。这个“自然学堂”开办至今，除了因台风影响而暂停过一回外，其余每月一期，从不间断，深受读者欢迎。讲座的听众以亲子家庭为主，目前它已经成了宁波市图书馆知名的品牌活动。2018年12月，中国图书馆学会对2017年度全民阅读先进单位和优秀项目进行表彰，其中宁波市图书馆的“大山雀自然学堂”被评为“2017年阅读推广优秀项目”。此外，近年来，我还经常受邀在各种场合演讲，分享自己的博物旅行故事。

探索无止境，未来亦可期

以上简单回顾了本人所经历的博物学在宁波逐渐复兴的故事，其中提到的推广亲子自然观察（含亲子阅读与分享）的做法主要有以下几种：1. 在报刊上长期做博物专栏，写作风格力求深入浅出，有故事性，让大人小孩都喜欢看；2. 出版乡土博物书籍，写作风格同上；3. 利用图书馆等公共平台资源，定期进行演讲、展示等分享活动；4. 带队开展多样的户外亲子自然观察活动。

这些做法，我相信国内很多地方都在做，最多是在深度与广度上有所差异罢了。展望未来，我觉得可以“深耕”的地方还有很多，个人目前想到的有以下几方面：

一、争取获得政府或机构的支持，专门培训本地的自然导赏员，发展爱好博物的民间人士，这样的人才多多益善。

二、注重当地的生态本底调查，持续、深入发掘乡土自然之美，这既可以为政府的生态保护提供决策依据，亦可让公众知晓家门口也有很多“宝贝”。

三、重视出版当地动植物、生态环境等方面的书籍，尤其要做一些适合孩子们阅读的乡土自然教育读物或教材，推出相关文创产品，讲好本地自然故事。

四、与媒体保持良好互动。除了在媒体上及时报道当地博物的新发现、刊登关于博物旅行的副刊类文章外，还可利用新媒体的即时性优势进行“现场播报”。2019年的“五一”小长假期间，《宁波日报》报业集团所属的新闻客户端“甬派”，派出3路记者，分别跟随我、林海伦与小山老师进山，以文字、图片、视频相结合的形式对我们的博物活动进行为期一天的现场滚动报道。其中，5月1日，我和妻子带领一个亲子自然观察团，包车来到四明山的高山上，重点观察宁波比较稀有的一种高山杜鹃——云锦杜鹃。据我所知，这是宁波媒体第一次成规模地对本地的博物活动进行现场即时报道。

五、把乡土博物学与中国古典文学相结合，开展一系列跨界工作。例如，可以进行专项研究，出版相关书籍。我本人目前在写作的就有《诗经鸟类漫谈》（暂定名）一书。

值得一提的是，还可以把常规的野外自然观察活动与中国古典文学（尤其是诗歌）相结合，这样可以明显提高此类活动的“附加值”。关于这方面，我就多说几句。2017年年底，我跟宁波的一家森林学校的负责人谈起了一个把古诗与博物结合起来的户外学习课程设想，没想到这个具有一定创新性的大胆想法在2018年春天马上付诸实施，并持续至今。该系列课程所选古诗主要来自于《诗经》，如《小雅·鸳鸯》《周南·芣苢》《邶风·燕燕》《陈风·防有鹊巢》《秦风·蒹葭》等，我们事先把这些古诗选出来，发给参加课程的孩子的家长，让大家给孩子事先预习、熟读，然后，在合适的季节去野外实地观察诗中提到的物候与物种——比如早春的时候去山区水库观察越冬的鸳鸯，春天去郊野看车前草与燕子，夏天去欣赏野生的绶草，秋天去感受“蒹葭苍苍”，冬天去“静观野凫”等——与此同时，再在现场为孩子们解读、朗诵相关诗歌，这一做法收到了极好的效果，家长和孩子都很喜欢。

一位妈妈在让儿子参加了几次活动后，由衷地说：“把古诗与博物结合起来，让孩子跟着自然的节奏学习诗歌、认识自然，这种做法把原本觉得有点隔膜的古诗变得立体、丰满起来了，第一次觉得原来如此‘高大上’的《诗经》也是如此的接地气。”是的，《诗经》原本与自然“不隔”、与我们“不隔”，相反，是我们现在忘了传统，既“隔”了美丽的大自然，也“隔”了美丽的古典诗歌。是改变的时候了！

六、要重视自然录音，抢救和保护“大自然声景”（声景，即soundscape，也有译为“声境”的）。目前在国内，喜欢自然摄影的人越来越多，但专心做自然录音的人寥寥无几——在我国台湾，已有多位知名自然录音师，在记录、抢救和保护“大自然声景”方面成绩斐然，而在中国大陆，这样的人才还极为稀少。党的十九大报告提出：“我们要建设的现代化是人与自然和谐共生的现代化，……还自然以宁静、和谐、美丽。”我注意到，这里把“宁静”提到了一个非常重要的位置上。实际上，这就是因为现在中国的生态环境太缺乏宁静了。相反，各种噪声几乎无处不在，严重“打压”了天籁，让人难以感受自然的宁静之美。今年以来，我尝试在宁波做自然录音，就感觉困难重重，因为无论在城郊还是在山里，各种人为噪声无处不在，很难录到背景噪声极低的高质量的自然之声。

我相信，大自然的声音（如鸟鸣、蛙鸣、虫吟、溪流声等），不仅可以让人在疲累之余沉浸其中，起到疗愈心灵的作用，也可以唤起保护原生态之心，保护一方可以享受天籁的美丽、安宁的土地。

上面拉拉杂杂写了很多，虽说力图围绕着“带孩子去博物旅行”这个话题，但还是有很多篇幅扯到了其他的延伸主题上。不过，不管怎么说，我认为，在当代中国推广博物学，多花点力气在孩子们身上是没有错的。

就我个人感受而言，在野外做亲子自然观察活动也好，到图书馆或学校做博物讲座也好，每当看着孩子们兴奋的小脸与发亮的眼神，我就仿佛看到了十几年前刚开始拍鸟的自己，重新体味到了那种简单的热情与单纯的快乐。是的，当初，一群麻雀改变了我的人生，而如今，一只“大山雀”希望和身边的博物同好们一起，去影响更多人的人生。“天地有大美而不言”，但愿我们能为孩子们悄悄打开一扇感受自然之美的窗户。

（注：本文照片除特别注明外，均为张海华摄。）

卡通形象的大山雀　张洁手绘

自然探究

杭州公民博物四篇

蒋　虹

编者按：博物在当代中国有复兴趋势，但许多向往博物活动的人常感觉没有抓手，自己不清楚如何操作：到了户外不知道观察什么、如何观察、怎样记录，以及如何总结自己的博物成果。杭州蒋虹先生（网名“老蒋”）在公民博物方面理念先进，身体力行，诲人不倦，勤于写作并且从不滥情、无病呻吟，这便为广大自然爱好者树立了良好的榜样。蒋先生的经验至少可以推广到经济文化相对发达的各大城市。这里刊出4篇短文供读者揣摩、学习。

1. 鸳鸯在西湖

在中国传统文化中，鸳鸯（*Aix galericulata*）是爱情的象征，往往成对绣在新婚夫妇的枕头、棉被、床单上，寄托对新人白头偕老的美好祝愿。

然而古人的观察常常失于粗疏，并不准确，其中掺杂了许多想象成分。鸳鸯一旦交配成功，从产蛋、孵化到抚育幼鸟长大，几乎全是鸳鸯妈妈的事儿，而鸳鸯爸爸这时候会找个隐秘的地方去换羽，偶尔会在鸳鸯妈妈带着宝宝出游时，远远跟随着，担负起外围警戒的职责。

另外，从古至今以鸳鸯为题材的绘画、刺绣、陶瓷制品等不同形式的艺术品中展现的鸳鸯，少见真正的雌雄一对，更常见的是两只雄鸳鸯。或许是观察者连鸳鸯的性别都没弄明白，也可能是创作者认为雌鸳鸯不好看，所以用两只雄鸳鸯取代一雌一雄——反正观察事实不重要，看起来漂亮就行。率性表意而忽视科学，是至今依然有很大影响力的中国传统思维方式。

鸳鸯其实是鸭科鸳鸯属的一种小型鸟类，体长最多40厘米，雄鸟色彩艳丽，有醒目的独特帆状饰羽，雌鸟色彩较暗淡，有雅致的白色眼圈及眼后线。这种两性异色的现象，在鸟类中并不少见，不独鸳鸯这样，大家熟知的雉科鸟类如孔雀、白鹇、环颈雉、家鸡，中小型鸟类如黄雀、北红尾鸲、白眉姬鹟、灰背鸫等都是如此。

雄性羽色艳丽，在吸引异性的同时也容易把自己暴露给天敌，所以在强敌环伺的严酷环境中能够生存下来的，必然机警敏捷，善于觅食和逃脱，具备比其他个体更为强大的生存能力。这样的雄性，容易获得雌性青睐，其基因有更多机会遗传给下一代，所以雄性羽色艳丽是长期性选择的结果。雌性在孵卵和育雏期间最为脆弱，容易遭到天敌攻击，只有尽量低调隐蔽，才能保证自身和后代的安全，达成繁衍成功、种群延续之目的。所以雌性色彩暗淡，是环境压力选择的结果。

水雉、彩鹬等少数鸟类由雄性承担育雏任务，所以是雌性艳丽，雄性暗淡；现象相反，本质一致，不难理解。而麻雀、家燕是由双亲共同育雏的，两性之间自

西湖上的鸳鸯

2007 年，在志愿者守护下平安长大的第一窝西湖小鸳鸯

2017 年 25 只鸳鸯宝宝平安长大

2018 年 41 只鸳鸯宝宝平安长大

小鸳鸯第一次起飞　东斯老师摄于 2018 年

然就不存在多少羽色差别了。

鸳鸯是候鸟，它们的老家在遥远的西伯利亚东部荒原和我国的黑龙江、松花江流域。每年 11 月，鸳鸯从遥远的北方飞来杭州以及长江以南各地越冬，次年 3 月底离开，回到它们的出生地去完成生儿育女的使命。所以西湖冬天鸳鸯多见。鸳鸯分布区域不小，但数量稀少，目前被列为国家二级重点保护野生动物。

2005 年第一窝小鸳鸯在西湖出生，却遭遇黑手而不幸夭折。2007 年又一窝小鸳鸯出生，许多志愿者轮流守护，直到 6 只小鸳鸯学会飞行。此后每年都有零星鸳鸯在西湖繁殖。

2017 年情况有些变化，陆续有 5 窝小鸳鸯出生在西湖。志愿者每天值班守护小鸳鸯，众多市民热心参与，最后 25 只鸳鸯宝宝飞上了蓝天。

2018 年更多的鸳鸯父母选择留在西湖，从 5 月到 7 月陆续有 10 窝鸳鸯宝宝出生，在志愿者的轮流守护下，41 只小鸳鸯安全长大。

2019 年的第一窝小鸳鸯于 4 月 26

日现身西湖，这位新妈妈戴着脚环，所以立即被认出是2018年出生在西湖的“圆圆”家的其中一只。去年护卫队员们守着它长大，今年小“圆圆”长大做了妈妈，大家好高兴。这萌萌的一家子立即引起了杭州市民的关注，鸳鸯护卫队的志愿者们随即启动守护计划，当天就制订值班时间表，开始新一轮的现场守护行动。西湖水域管理处两天后为鸳鸯宝宝们搭建了便于翻越围网的“爱心桥”，主流媒体也作了相关报道。

鸳鸯选择在西湖安家，给西湖增添一道亮丽的风景线。浙江野鸟会发起的守护行动，得到了杭州市民的广泛支持，上至白发苍苍的退休老人，下至稚嫩的小学生，还有许多时间并不宽裕的上班族，都积极参与现场守护行动，无论烈日当空，还是暴雨倾盆，值班从不间断。他们当场制止过用网兜抓捕小鸳鸯的违法行为，他们从流浪猫口中救下过命悬一线的鸳鸯宝宝，他们更是每天都在费尽口舌劝阻投喂的游客。有一位参与守护的大姐对我说，目送小鸳鸯第一次飞上蓝天的那一刻，她不禁泪眼模糊，高兴，自豪，又不舍，如同送自己女儿出嫁时的心情一样。

鸳鸯选择在西湖安家，不但是杭州市民的福气，也吸引了外地游客。不断有外地游客逛西湖时感受到偶遇鸳鸯的意外惊喜，我还曾多次遇见从台州、温州、福州、南京、南昌、上海等地特意赶来看鸳鸯的客人。有一次我问从南昌来的一家三口，江西有鄱阳湖，鸟儿比西湖多，离南昌也不远，为什么要坐好几个小时的高铁专程来西湖看鸳鸯呢？孩子妈妈回答说：“鄱阳湖鸟多不假，但是远在几百米以外，用望远镜看，只是水面上一群黑点点；在西湖，鸳鸯和人这么亲近，它们就在我们面前游弋，用手机都可以拍照，你们杭州人好幸福！”

是啊，杭州人的幸福，你感受到了吗？如果你有时间，不妨去西湖边看看这些可爱的鸳鸯宝宝。不过可千万要注意，别吓着它们，也别投喂食物哦。

你问为什么？是啊，很多人认为喂食是爱，是善意，为什么不要投喂呢？

一是野生动物无需人类喂养。千百万年的自然演化，已经赋予它们强大的觅食能力，它们足以填饱自己肚子，无需人们喂食，否则生存不到今天。成年鸳鸯的食性和家鸭相似，嫩草、浮萍、螺贝、鱼虾、蚯蚓、昆虫来者不拒，荤素杂食。小鸳鸯则以吃虫为主，鸳鸯宝宝自己会抓蚊蚋，稍大些的会抓龙虱、水黾、蜻蜓、蝴蝶之类。小鸳鸯从孵化出壳到学会飞行，仅需两个月，只有高质量的动物蛋白才能满足小鸳鸯如此快速成长的需要。馒头饼干的蛋白质含量

鸳鸯宝宝

能干的鸳鸯宝宝逮到一只蜻蜓（2017）

太低，吃多了会导致营养不良，正如人类的婴儿饿了必须喂奶，不能给糖水一样。胡乱投喂巧克力、牛肉脯、椒盐花生之类更会害死小鸳鸯。往年有过很痛心的实例，但愿今后别再发生。

二是投喂造成野生动物依赖人类，自身觅食能力和野外生存能力减弱。举例来说，很多候鸟迁徙途中会集结成群，由经验丰富的成鸟领队；领头鸟熟知沿途哪儿有食物可补充体力，哪儿有危险要避开，休息时鸟群也会轮流放哨警戒以防天敌偷袭，这些对迁徙中的鸟群安全至关重要。由于人们的不当投喂，有的鸟儿会贪恋美味而滞留，等它们没有吃的再出发时，大部队早就没了踪影。这种人为造成的离散，给落单的迁徙鸟儿增加了风险，长途飞行体力消耗极大，缺乏经验的亚成鸟可能因迷途找不到食物补给，力竭而亡，也可能因途中休息时没有团队保护而遭到天敌捕食。总之，落单的鸟儿在迁徙途中死亡率比正常迁徙的鸟儿高出好几倍。你说是爱它才给它喂食，可鸟儿死在迁徙途中说不定和你投喂有关。你想过吗，你相信吗？

三是投喂导致野生动物轻信人类，丧失戒心，使偷猎者容易得手，对它们安全不利。西湖边有保安巡逻，有众多市民和游客监督，还有电子监控设施天天盯着，不法分子一般不敢轻举妄动，可是鸟儿的活动范围不限于西湖，它们也会飞去别的地方。如果长期投喂造成鸟儿不防人，它们飞到其他偏僻地方时会遭遇什么命运呢？想想各地时有耳闻的关于捕鸟、毒杀和非法猎捕活动的报道，你不觉得鸟儿们离人远些对它们的安全更有利吗？

在中国目前的社会环境下，野生动

吴山行

物与人零距离接触不是什么好事。距离产生美，观察、欣赏而不干扰、不伤害、不投喂，才是对鸳鸯们最好的爱护。珍爱它们，看看就好，千万不要好心办坏事。你说是吗？（2019.4.30）

2. 吴山博物行

如果说，万松岭路以南的凤凰山曾因南宋建都而成为皇家之山，那么吴山因其低矮平缓和近便，一直是杭州最亲民的山，每天都有众多杭州市民在吴山跳舞、练剑、吊嗓、喝茶、下棋……“浙江山野”发起的登山博物行活动也因参与者众多而分成两队，我带其中一队。

730岁的古樟下黄叶遍地，在这里我讲解了四季常绿的樟树和冬季落叶的银杏不同的落叶方式，以及树的寿命和树叶的寿命之比较。四季常绿的樟树其实四季都落叶，而且春季落叶最多哦。

生长了130年的常春油麻藤下，我们共同见证了它的老茎生花，它的长荚果和豆子，还有它的三出复叶。事后才想起来，忘了说说它和攀附的树木之间

香樟

常春油麻藤

争夺阳光的绞杀与反绞杀之战——这场战争没有硝烟也听不见枪炮声，但同样惊心动魄、不是你死就是我亡。

就在闹市般人声鼎沸的吴山上，单花莸、野芝麻、小野芝麻、心叶诸葛菜、还亮草、老鸦柿等清新野花正在悄悄盛开。

桂花、山茶、八角金盘是一个叶柄长一个叶片，这是单叶；其中八角金盘的单叶呈掌状分裂。而常春油麻藤、野蔷薇的叶，一个叶柄长多个小叶，叫复叶；其中野蔷薇的小叶呈羽毛状排列，称为羽状复叶（掌状复叶如七叶树，现场没遇见，略过）；常春油麻藤的小叶三枚，叫三出复叶，三出复叶是许多豆科植物的特点。

单花莸

小野芝麻

心叶诸葛菜

山上遇见好多浙山蛩，有人恐惧，有人厌恶，有人以为是蜈蚣。我现场讲解它和蜈蚣的异同，它作为腐物分解者在生态系统物质循环中的有益作用，孩子们从起先的害怕变为跃跃欲试去触碰它。

在吴山最高点的江湖汇观亭，大家登高眺望西湖和钱塘江以后，我从吴山何以叫吴山，讲到吴越相争的春秋时代；由亭前的明人楹联“八百里湖山，知是何年图画；十万家烟火，尽归此处楼台”，牵出“十万家烟火”的来历；又从宋人柳永词《望海潮·东南形胜》中的“东南形胜，三吴都会，钱塘自古繁华，烟

常春油麻藤

浙山蛩

吴山行，蒋虹老师在讲解

柳画桥，风帘翠幕，参差十万人家”，带出金主完颜亮“提兵百万西湖上，立马吴山第一峰”之豪语以及金人之南侵；由吴越经南宋到今日的兴亡盛衰，讲到这段历史与此地此景的关联；顺便还讲了白居易和柳永在文学风格上明白如话通俗而不低俗的共同点，以及他俩的差异。

大人孩子似乎都听得津津有味，有点入神。两小时的活动不知不觉就到了结束的时候，一个小女孩拉着我的手不肯回家，还想继续玩，让她妈好说歹说拉了回去。

先学会在身边发现美，尔后才有诗和远方。不是吗？（活动时间 2019. 4 .14，记于 2019. 4. 15，改于 2019. 4. 25）

3. 秋深芦花美

又到了芦花似雪的深秋，看到芦花，常常有人会想到"萧瑟""肃杀"之类的词。确实，这个季节，天气渐凉乃至晨昏稍有寒意，黄叶飘落，雁阵南飞，远不似春天的繁花盛开和夏日的绿意盎然。

然而，深秋的芦花不只是"萧瑟""肃杀"，更是成熟，是收获。中国文化中的芦花，有着更丰富的含义。

早在《诗经》那个时代，古人就把芦花和美好的爱情联系在一起。"蒹葭苍苍，白露为霜。所谓伊人，在水一方"，稍微读过一点中国文学的，无不熟知这样的诗句。蒹葭，是芦苇的古称，而芦花便是芦苇的花序（其实更常指芦苇的果序），"白露为霜"则指明了赏花的季节。从那以后，"蒹葭伊人"便成了怀人相思、表达爱情乃至亲情、友情的意象。

芦花不仅仅代表柔情，在并不遥远的中国近代史上，芦花还伴随着战斗的豪情。在沙家浜，在白洋淀，在被日寇侵占的所有国土上，武器简陋的抗日军民，与凶残而装备精良的日本侵略军在烟波浩渺的芦花荡周旋作战。经历血与火的洗礼后，芦花荡复归宁静，沙家浜的战斗故事家喻户晓，孙犁描写冀中平原抗战的《芦花荡》成了中国近现代小说名篇。

在杭州，比较近便能观赏成片"芦花"的地方，以西溪湿地最为著名，稍远些可去北湖。另如西湖周边茅家埠、江洋畈等处也有一些，不过面积较小，或稍嫌零散，不如西溪湿地和北湖壮观，好处则是交通方便。这些"芦花"中，有些是真正的芦苇，有些则是外貌有些相近的禾本科其他高大草本，比如芒、荻、五节芒、类芦、芦竹、蒲苇、斑茅、拂子茅等。我们不妨来一一认识它们。

（1）芦苇（*Phragmites australis*），秆高 1–3 米，顶生大型圆锥花序；生于江河湖泽、池塘沟渠沿岸和低洼湿地，产全国各地；秆作造纸原料或供编席织帘，亦栽以固堤护岸。

（2）芒（*Miscanthus sinensis*），秆高 1–2 米；叶较窄，多个总状花序排列成顶生圆锥花序，花序较为直立，小穗有芒；较为耐旱，常见于南方各地山坡、溪边、路旁和荒野。另有人工培育的园艺品种花

芦苇

芒

叶芒（*Miscanthus sinensis* 'Variegata'）和斑叶芒（*Miscanthus* 'Zebrinus'），叶片带纵向或横向斑纹，增强了观赏性。

荻

（3）荻（*Miscanthus sacchariflorus*），秆高1–4米，圆锥花序呈扇形，常弯垂一侧，小穗无芒；分布几乎遍于全国，多生长于山谷、荒野及河滩湿地。白居易长诗《琵琶行》首句曰"浔阳江头夜送客，枫叶荻花秋瑟瑟"，其中"荻花"即指本种。

五节芒

（4）五节芒（*Miscanthus floridulus*），秆高2–4米，叶较宽；大型圆锥花序，花序主轴较长；相对耐旱，产于东南各省区低海拔山谷或潮湿荒地。茎叶强韧，可造纸，叶缘一不小心会割破手。

类芦

（5）类芦（*Neyraudia reynaudiana*），秆高2–3米，圆锥花序长达30–70厘米；产南方各省区山沟、溪边或砾石荒地。

（6）芦竹（*Arundo donax*），秆高

3-6 米，粗大、直立、多节，略似竹茎，可作管乐器中的簧片；茎纤维长而强韧，为优质造纸原料；顶生圆锥花序长 30-60 厘米，产南方各省区，多见于河岸路旁，亦常作园林栽培。另有园艺品种花叶芦竹（*Arundo donax* 'Versicolor'），叶片带黄白色纵向条纹，亦常见栽培。

芦竹

蒲苇

（7）蒲苇（*Cortaderia selloana*），秆高 2-3 米，粗壮，丛生；大型圆锥花序稠密，长 50-100 厘米；原产南美，作为观赏植物引入国内栽种。另有园艺品种矮蒲苇（*Cortaderia selloana* 'Pumila'）和花叶蒲苇（*Cortaderia selloana* 'Variegata'），亦见栽培，矮蒲苇的秆仅高 1-1.5 米，花叶蒲苇的叶片有黄白色纵向条纹。

斑茅

（8）斑茅（*Saccharum arundinaceum*），秆高 2-4 米，粗壮，丛生；顶生圆锥花序挺直，长 30-60 厘米；主产南方各省区，北及陕西、河南，生于溪边和河岸草丛中。可用于造纸，有时亦作观赏栽培。

拂子茅

（9）拂子茅（*Calamagrostis epigeios*），秆高 45-100 厘米，圆锥花序紧密，生于潮湿地及河岸沟渠旁，分布几乎遍于全国。本种为牛羊喜食之优良牧草，亦可作观赏栽培。

以上粗略介绍江浙一带常见“芦花”九种，你还见过别的“芦花”吗？

4. 入侵的大螺

首先释题。“入侵”者，一非中国原产，二是来到中国后危害巨大，故被列入《中国第一批外来入侵物种名单》，至于来自何处，什么危害，后面再说。“大螺”者，无论尺寸还是重量，都是大号，比中国原产的田螺大好几倍，普通的螺蛳之类和它们相比，更不值一提。这里说的“入侵的大螺”，就是福寿螺（*Pomacea canaliculata*）和非洲大蜗牛（*Achatina fulica*）。

福寿螺亦名大瓶螺，是腹足纲中腹足目瓶螺科瓶螺属的一种淡水螺，原产南美亚马孙河流域，成体重量一般为100–150克，最大的可达250克。因其个体大、食性广、适应性强、生长繁殖快，1981年作为食用螺引入中国。

然而大多数国人并不接受这种“美味”，所谓的“法式大餐”，食客寥寥无几。于是养殖者渐渐疏于管理甚至遗弃，导致福寿螺从养殖场外逸，迅速繁衍，形成野外种群，加上在新的入侵地没什么天敌，很快泛滥成灾。

危害在哪里？一是大量啃食水稻、茭白、菱角等农作物，造成农业损失；二是危害原生的水生动植物，破坏生物多样性；三是成为卷棘口吸虫、广州管圆线虫等寄生虫的中间宿主，危害国人健康。2006年我国发现因食用未充分煮熟的福寿螺感染广州管圆线虫的首例患者，此后国内类似病例时有报道。目前福寿螺在广东、广西、云南、福建、浙江等省区蔓延十分严重，浙江各地的湖泊、池塘、内河、水田常常见到它们的踪迹，杭州西湖、西溪湿地、北湖、湘湖等水域全面沦陷。

非洲大蜗牛也叫褐云玛瑙螺，归于腹足纲柄眼目玛瑙螺科玛瑙螺属，和水生的福寿螺不同，非洲大蜗牛是一种陆栖螺类，个头也很大，大到什么程度呢？成体壳长一般为7–8厘米，最大的长度

福寿螺　摄于杭州北湖

福寿螺的卵块　摄于杭州西湖

非洲大蜗牛　摄于广东深圳和惠东

小龙虾（克氏原螯虾）　摄于杭州植物园

超过20厘米，我在广东亲眼见过鸡蛋那么大的！

相对福寿螺来说，非洲大蜗牛的螺壳较厚，螺口无厣片，若是遇到过于干燥或寒冷的不良环境，它能分泌白色黏液来封闭壳口，起到一定的保护作用，所以抗逆性挺强。非洲大蜗牛昼伏夜出，喜欢在潮湿环境中活动，植食性，食谱范围极广，包括稻麦、蔬菜、瓜果、林木、花卉和野生草木等数百种各类植物，对农业生产和生物多样性造成严重危害，还会传播一些人畜共患的寄生虫病。

非洲大蜗牛原产非洲东部，来到我国是20世纪30年代的事，首先在福建被发现，尔后作为食用螺养殖而扩散，目前广东、香港、海南、广西、云南、福建、台湾等省区均有分布。

杭州的某些学校和自然教育机构用蜗牛作为小学生的自然观察对象，一些家长因此从网上给孩子买这种蜗牛，养几天后随意丢弃。幸好杭州气候相对寒冷，非洲大蜗牛不容易存活，暂时还没有在野外发现。若是在温州、丽水等相对温暖的浙南地区，这样的做法说不定会导致从野外少量存活、交配产卵、建立种群、种群扩大、地域扩张，一直发展到入侵蔓延的严重后果——危险啊，危险。

曾有一位小学老师咨询我该怎么处理，我也没有良策，既然教材指定学生观察蜗牛，老师只能照办。但我建议老师向学生和家长说明它的潜在危害，观察过程中要注意孩子们的人身安全，避免感染寄生虫，观察完以后让小学生们把这种蜗牛交给老师集中销毁，这样兴许对人和环境都好。

福寿螺和非洲大蜗牛，一为水生，来自南美，一为陆栖，来自东非，然而引入我国都和食用有关；引入前都未能预见后果和进行科学论证，引入后又缺乏必要的养殖控制和环境隔离；造成严重入侵的过程和后果十分相似，如今清除困难，形容为生态灾难，一点都不夸张。

有人说，我国海关对于生物及生物制品的出入境有严格的检验检疫制度，是国家生态安全的屏障，可是对于福寿螺和非洲大蜗牛的大肆入侵并未起到什么屏障作用。

还有人说，鼓励吃货们多多消费，或许是解决之道，然而这想法未免天真。看看小龙虾，即克氏原螯虾（*Procambarus clarkii*）的现实案例：小龙虾在中国已经形成养殖、收购、运输、加工、销售直到最终送上餐桌的产业链，甚至形成了“盱眙龙虾”这样有影响力的品牌，消费者众多，消费量巨大，然而，小龙虾在中国的入侵被遏制了吗？非也，不但没有得到遏制，反而愈演愈烈。由小龙虾之案例，你能推出结论“多多消费能解决入侵问题”吗？我可不敢这么说。

不知主管这事的是哪个部门？国内的一些高等院校和科研机构，有无良策可应对？列位看官你们可有什么好主意？

复兴博物学文化：根本学问的重源潜发

——读《西方博物学文化》

张冀峰（山西大学科学技术哲学研究中心）

《西方博物学文化》是一部大书，体量大、视野大、尺度大。该书的出版，是继《白鹿宣言》之后，博物学文化复兴道路上的又一座里程碑。在我看来，与其材料之充实形成对比的是其论调之谦虚，这就使这部著作有了意犹未尽之感：该书对西方博物学文化做出了近乎全面的研究工作，但在一锤定音处，调子定得还是保守了些。就如同年薪百万的工作者说自己年薪“十万+”一样，作者自己“不露富”无可厚非，但读者比作者更自由，作为读者，我还是忍不住“戳一戳真相”：不必谦虚，博物学是真正的富有！

根深本固：博物学是“根本学问”

博物学是一门古老的学问，也是一门衰退了的学问。作者在对博物学与科学做“平行论”的审视之后，就不敢或不便再将博物学定位为“根本学问”，以避夸大之嫌。但基于同样的材料，我却认为：博物学即便已然式微，即便平行于科学，仍不失为一门“根本学问”。这绝非我个人闭门造车，前人就给出过这样的评判，今人也有着类似的见解。这也绝非什么夸大或溢美之词，“在人类历史99.9%的时间中，我们的祖先并非靠最近三百多年才发展起来的科技而过活，而是靠博物学和传统技艺”（刘华杰，2019），这难道还不足以称之为“根本学问”吗？我们还是先来看看什么是“根本”吧！

在《现代汉语词典》中，“根本”意为：1. 事物的根源、基础或最主要的部分；2. 重要的，起决定性作用的；3. 完全，从来（多用于否定）。这种以双音节语词解释双音节语词的方式，不能真正揭示双音节语词的内部结构，这一任务只有交给“汉字原子主义思维方式”才能完成。（张冀峰，2018：75–81）根据汉字原子主义思维方式，“根本”这个词本身具有一种结构性，即在“根”与“本”之间存在一种张力或“矛盾”。“根本”蕴含了这样的隐喻：根与本虽然连接在一起，但根与本是一体两向，总是朝着背离的方向延伸。我们可将此隐喻图式呈现如下：

↑本↑
—地面—
↓根↓

在本体论上可以做出类似的刻画：

↑现象↑
—界面—
↓实在↓

相应的认识论或知识论图式如下：

↑知识↑
—界面—
↓体验↓

当一门关于自然的学问，只向上关注对对象的知识建构，而拒绝向下考察对对象的亲身体验，那么可以说它是断了根的学问。它长得再高再盛，总避免不了一次又一次垮掉，一次又一次重建。比如科学，人们习惯把科学捧到天上去，不错，科学已然高耸入云，人们必须去仰望它；但一旦立足脚下，“刨根问底”，就会发现它其实已经“无根可刨”。根与本的连接几乎被压断了，根已供养不起过高、过重的枝干。高度发达的科学已经关上人们直接体验“自然”的通道，其可信性最终就只能靠权威来保障，无论是实验室中的科学家还是实验室外的公众，无论表面看上去他们多么信任科学，失去直接体验性，信任就失去了坚实的基础。今天的科学已谈不上是根本学问，“科学哪天失传了，也不是不可能的”（蒋劲松教授语）。这当然不是说科学不成功或不重要，在这个知识独大、理性独尊的时代，几乎没人敢轻视科学，说科学不是“根本学问”是说它已不符合“根本”之精神。所谓根本学问，必须向下扎根，向上成长。博物学正是这样一门学问，它植根于个体对大自然的体验，在体验的基础上得出亲知，可谓下有其根而上有其本。说博物学为根本学问，并不为过！

通过重新阐释“根本”之寓意以使

博物学获得“根本学问”的定位，似乎是在玩文字游戏，而并未拿出什么实质性的“硬货”。于是接下来要做的工作就是为博物学摘掉“肤浅”的帽子，更具体地阐发博物学到底“根本”在哪里。博物学常被矮化为“肤浅的学问”。对此至少有两个可行的辩护策略，其一是退一步承认博物学的“肤浅”，进一步辩护“肤浅”的权利和价值。其二是把焦点从“肤浅的博物学”转向“肤浅的人”。将问题转换为：到底是博物学本身肤浅，还是“玩”博物学的人肤浅？还是评价博物学的人肤浅？这样一问，问题马上轻松了很多。在此我宁愿采取更正面、更直截了当的说法：博物学不肤浅！不仅不肤浅，而且很根本！博物学是古老的学问，博物学思维是原始的思维，但“古老”不等同于“过时”，“原始”不等同于“肤浅”。我们需要看到，原始性的另一面是根本性。即便是最“先进”的科学思维，在根本上仍摆脱不了这种原始性。那么博物学思维的根本性体现在何处呢？这就是我们下面要谈的“分别、分类和分形”。

分别、分类和分形：博物学思维是根本思维

在我看来，就博物学的认识论而言，《西方博物学文化》中最核心的三个概念是：分别、分类和分形。这三个概念在书中反复被提及，其思维方式也被多位作者——尤其是刘华杰教授和田松教授——娴熟运用。分别、分类和分形是博物思维的三次飞跃，更一般地讲，也可以说是思维的三次飞跃。科学、宗教、艺术等一切人类认识世界的方式，都避免不了对这种“原始”思维的使用。

在认知开始的地方，人类面对的世界是“一团混沌”，是一个无分别的整体。在这个阶段，从本体论上讲，这时“一”就是“一切”，这团混沌就是全部。从认识论上讲，“一”就是“虚无”，因为这团混沌没有规定性，人类的认知对象（包括认知主体）还未被呈现出来。认知的第一次飞跃就在于对世界做出分别，创造出认知对象和认知主体，这也是人类心智觉醒的标志。通过分别，世界以“一个个”具有差异性的对象呈现在主体面前。

以分别思维之刃切割那个原始的“一”，就得到了“一切”，得到了“一个个”对象。然而，正如没有两片完全相同的树叶，世界的差别是无限的，有限的人类无法穷尽“究竟的分别”——这既不可能也不必要。人类无法把握全然差异的世界，因此必须把可以无限差异化的对象锚定在一个相对稳定的层面上，于是有了认知的第二次飞跃，从世界的差异化转向异中求同：分类。人们发现一个个不同对象之间存在着某方面的“相似性”，并且在某种程度上，将某方面的“相似”称作“相同”而归为一“类”。视觉、听觉、嗅觉、味觉、触觉在认知过程中的重要性是不同的，常人的认知基本上是以视觉为中心展开的。因此对事物的分类，主要根据图像方面的相似性进行，这便是“取象比类”的思维过程。“类”是对差异性相似对象做出的简约化、同质化、定型化、语词化。分类是从图像（更广泛地说是经验）到语言的飞跃。类最终反映在语词中表现为名，反映在头脑中呈现为概念。人类一旦创造出概念工具，又会反过来通过这种工具来“分割”世界，这时的“分割”也就有了“归并”的蕴含。在此需要稍加解释的是专名的类属性问题。即便（通常意义上）作为专名的个体，也可以看作因时间性对自我同一性的消解而自成一类。如“亚里士多德”虽是一个个体的人，但它也是关于“婴儿亚里士多德”“少年亚里士多德”“中年亚里士多德”……的一个类，在此意义上，正如罗素根据亲知原则而主张的，真正专名只有“这”“那”——指示词。指示词总是变动不居，但事物的指称如果定不下来，就不可能形成关于事物的知识。因此相对稳定的个体的形成，是通过语词固定下来的，在严格意义上，几乎所有自然语言中的语词都是天然的类（侯世达、桑德尔，2018）。

分别为分类提供了材料基础，分类使零散琐碎的分别条理化、秩序化，并进一步为分别提供了便利的指导，切割世界的思维操作没有无限进行下去，而是被限制在类的水平上，于是事物在语词下获得了相对的稳定性。分别使知识的对象成为可能，分类使对象的知识成为可能。但人类的思维并未就此止步，而是进一步扬弃了分类阶段的成果。分类是根据差异事物的相似性进行的，人们进一步发现，随着分别的浮动，分类也并非稳定的，相似性不仅存在于事物之间，而且存在于事物内部，表现为事物的自相似性。事物与事物之间，类与类之间，不存在清晰的边界，而是彼此镶嵌，你中有我，我中有你。分类思维阶段形成的事物/语词边界在分形思维阶段被消解掉了，“类”的实体属性消失了，世界再次呈现出本然的“混沌”。目前看来，分形思维是人类语言思维的最高阶段，是语言思维的自我扬弃。分形是大自然的语言，分形思维是最接近“上帝”的思维。物理学家惠勒对分形给出了极高的评价：“当今哪个学者若不知道熵的概念，就不能被认为是合格的科学家；在将来若谁不了解分形概念，那他也就不能被称为知识分子。”

分别、分类与分形，是认识事物的三个递进的思维层次，反映在“概念”上，就是概念从无到有，又从实到虚的过程。分形思维的终点，是达到对事物相似性的认识。最终，事物“是什么”消失了，取而代之的恰当言说方式成了事物“似什么”“像什么”“如什么”“类什么”。就使用符号而言，就是取消了“=”的合法性，就连事物的自我同一性（A=A）也一并取消掉（不存在两个相同的A，只不过都假名为A），取而代之的是“≈”。“准X”“类X”“半X”这样的“非完整性”“非理想性”谓词取代了“X”谓词，而成为更接近实在的恰当表达，这就避免了本质主义的泥淖和非此即彼的简单二分。以这种非本质化的思维方式反观科学本身，在“是科学”与“非科学”之外，创造性地提出“类科学”就能恰当把握很多“非标准”“非典型”“非理想化”的“科学”，这既拓宽了描述空间又增强了概括能力，这也正是刘华杰教授《中国类科学》一书（刘华杰，2004）的一大贡献。

结合康德的先验哲学，可以这样讲：我们必须用范畴去“塑造”世界，以使其呈现为我们可理解的“对象”。范畴以分别为基础，范畴的本质是基于分别的分类，是对分别的理想类型化。它们之间不仅边界存在模糊性，更重要的是，它们还存在分形关系，彼此互摄，彼此镶嵌。范畴这种本来极有用的乃至根本性的认知工具，最终反过来揭示了自身的不充分性。于是，在完成了“分别—分类—分形”的认识论自我扬弃之后，就走出了认识的领域，而再次回到对本体的观照：“对象”本非“对象”，“对象”了无分别，“对象”了不可得。

阐发“分别—分类—分形”并不是要取消知识或弱化科学，而是要恰当理解人类知识的根本属性，完成对知识的前提批判。这一方面有助于消解对自然科学的自负和迷信，并对其技术应用保持谨慎的态度；另一方面有助于树立博物学的信心，博物学正是对此“三分思维”的使用和训练，博物学不肤浅！

测量与尺度：生活世界是根本世界

上文提到分形对事物/概念边界和本质的消解，需要指出的是，这种消解是有条件的，这是基于一种大尺度的思考。事物/概念只有在充分展开的可能性空间中，才会呈现出彼此镶嵌的分形特征，而在封闭系统的一定范围内，事物/概念仍具有相对稳定的确定性。因此，我们专门来谈尺度的问题，这也正是《西方博物学文化》反复涉及的一个问题。

“美国海岸线有多长？”芒德罗这经典一问打开了一个个新的世界。分形思维的一个重要启示在于：对世界的测量依赖于所选择的尺度。关于测量与尺度，有必要先介绍下“量学”。

在藏语中，Tshedma（测码）是“正量”“真理”之义，其学说 Tshedmarikba 意为“量学”（汉传佛教的不完整译法为“因明学”）。“正量”梵文为 Bramana，Bra 是“最胜”“初始”之义，mana 是“心识”之义，合起来即“新知”。在藏文化中，正确的认知就是新知，因为一切有限的事物的存在都是刹那的存在，在刹那间变化无常，正确的认识是与被反映对象实际情况完全一致的认识。认识被称作“量”，体现了藏语中的“测量隐喻”——认识事物就像用度量衡器具测定物体（多识仁波切，2010）。佛教中讲“诸行无常，诸法无我”，其真理性正在于其尺度性：将变异尺度推向极致，用极限思维观照世界。

介绍西藏量学不是为了讨论佛教，而是为了更一般性地指出：宗教世界、科学世界、艺术世界、生活世界都有各自“测量”世界的尺度，只有懂得“变焦”才可以通达于不同世界。（“尺度与变焦理论”为刘华杰教授原创。）在生活世界中，如果我将自己的身高精确到 1.73205080756887729352744634150587236694280525381028062805580697945193301690880003708114618675724857567562614141540670303 米，请原谅我的行为艺术，这也许并不幽默，但足够讽刺，可能最讽刺的是（假如有）痴迷于精确性的读者真正读完了上面所有的数字！将某领域中对某标准 X 的追求普遍化、绝对化、极端化，其结局往往都是“X 而无当”，如“快而无当”“高而无当”“强而无当”“大而无当”等等，充分性与适当性是两个不同但又经常纠缠在一起的概念（如英语 adequacy 的汉译），片面追求充分性，乃至过分的充分性，并不总会具有经验适当性。

日常语言的模糊性为生活世界中的表达提供了便利性，在大多数生活实践中，人们既不需要精确，也没工夫和心思去追求精确。任何未经反思的尺度都是“冥尺”（田松造词）！人们习惯了用“冥尺”去度量世界，却对读数意味着什么少有反思。我们在小学二年级用几节课就学会了用尺子丈量世界，并且能够按题目要求精确到小数点后的某几位，但对“近似”与“精确”的关系及其世界观蕴含的领悟可能需要几年甚至几十年。当我们陶醉于科学的精确性时，我们很容易忘记：科学的精确性总是有限度的精确性，而非无限的精确性。近似性是量化的本质，是科学不可避免的命运。

测量的近似性，意义的语境性，图像的相似性，语言的隐喻性（语言对世界的描述植根于隐喻）、理想性（语词对世界的刻画是理想性的）和分类性（语词是天然的分类），“三分思维”下的“言、象、意、数”最终揭示的是“类似”的世界与“如是”的知识。实践博物学，修炼的是通达的心智，掌握的是开放的知识。博物学强调生活世界和日常尺度，并非只接受这一种世界、这一种尺度，而是要重申生活世界是人生于世的根本世界，其他世界如宗教世界、科学世界、艺术世界都是在生活世界的“基础”上发展而来的。例如科学家，他首先是活生生的人，其次才是科研工作者；他首先是大自然的一分子，其次才是“自然之外”的客观研究者。当科学家走出实验室时，他就又回到了“看山是山，看水是水”的生活世界，这是一个鲜活的世界、一个体验的世界，一个可以接纳情感和意志的世界。

博物学强调体验和亲知，体验和亲知为何重要？这要从生活世界的丰富性说起。世界只有一小部分能进入体验，而体验只有一小部分能进入知识。对一张图像（P）可以给出详尽的语言描述（L），但根据语言描述（L）却很难“恢复”出原来的图像（P）。P→L 的过程已然不充分，L→P 的过程更困难。知识（语言）与体验（经验）的这种不对称性是无法填补的。语言在描述视觉经验上能力极为有限，对听觉、嗅觉、味觉、触觉经验的描述更是微不足道，想想我们描述这些经验的语词有多少吧！少得实在可怜。化学中讲“H_2S 有臭鸡蛋气味”，但“臭鸡蛋气味”又是什么气味呢？语言是根本表达不出来了的，只有亲自体验才能知道。“黑白玛丽”思想实验揭示的正是这种知识与体验的鸿沟。只有关于对象的知识，而没有关于对象的体验，这样的知识很难说是真知。博物学体验的世界是丰满的世界，亲知的世界，根本的世界。

物的再发现：博物学、马克思主义和第二次启蒙

“物”在科学世界和生活世界中具有不同的蕴含，但其中的差异性被隐藏了起来。在科学独大的时代，强调回归生活世界，复兴博物学文化，具有重要的哲学意义——“物的再发现”。“物”是什么？“物质”是什么？“物”与“物质”有无区别？“质”又是什么？博物学的“物”如何定位？是“物”还是“物质”？

还是都有？有所偏重吗？博物馆展示的是“物”还是“物质”？将上述问题加上历史视角，可以问从来都是这样吗？这些概念在古代是何含义？我国古代有现代意义上的“物质”观念吗？把所有的“物”与“物质”相互替换，意义会怎样？在此笔者不打算详细讨论这些问题，也不打算勾勒一种“物”的观念史，虽然笔者在读吴国盛先生《希腊空间的概念》和《时间的观念》时，就萌发了效仿吴先生写一本《中国物的观念》之冲动。抛出这些问题，是为了重申“物”与“物质”的区别。

通过《西方博物学文化》的全面勾勒，不难看出博物学是认知、情感、意志三足鼎立，其对象主要是可体验、可感知、可亲知亲为的“物”。而现代自然科学几乎是认知的单腿跳跃，其对象主要是理论“建构”的抽象“物质”。机械自然观是对自然的机械式理解，孕育这种自然观的土壤正是“物的物质化”，即将物当作物质，对自然作一种本质主义的理解，或说一种“一质化”的，同时也是“去质化”的形式化理解。营养是什么？吸收的又是什么？垃圾是什么？回收的又是什么？田松教授说：“我们就是不需要蛋白质！”（田松，2014）这真不是抬杠！用林德宏先生的话来说：人类生存所需要的不是抽象的“物质”，而是具体的“物”。（林德宏，2009：11–16）

物的再发现，也启发了我们对马克思主义的理解，我们要问：唯物主义唯的是什么物？“唯物主义”之“物”到底是“物”还是“物质”？或是两者兼有？回归德文原典做一种语文学的考据，这既超出了笔者的能力，也超出了此处的目的。在此仅强调三点：首先，“物”和“物质”不区分开，唯物主义就难以阐释清楚。其次，马克思应该不会接受“以原子进行生产”这种说法，马克思更重视的是“感性的物”“活生生的物”，是“生产资料”，而非“物质资料”。最后，在文明批判上，博物学与马克思主义的交汇处，是生活世界的“物”而非科学世界中的“物质”。

博物学的文明批判，以物为中心，将人的命运与物的命运联系在一起来思考，其批判的焦点不再是传统意义上的“人的物化”，而是“物（人）的物质化—商品化—资本化”。请看下面的例子：

牛奶（物）—蛋白质（物质）—乳制品（商品）—利润（资本）……

红豆杉（物）—紫杉醇（物质）—抗癌药（商品）—利润（资本）……

石头（物）—铀（物质）—核电（商品）—利润（资本）……

这些自然物，在科学家的眼中可能

只是物质，在资本家的眼中可能只是商品。“物—物质—商品—资本”这个链条是普遍的，也是失控的——停不下来也慢不下来。问题在哪呢？在省略号后面！省略的是什么？是物被物质化或被提取出有用物质之后的烂摊子！“物=物质+废物”！“废物”本质上不是放错了地方，而是放在任何地方都是错的！田松教授说“未来是垃圾做的”（田松，2007），还有比这更悲观的吗？有！“未来是做垃圾的”！

田松教授呼吁“警惕科学”“警惕科学家”：科技进步的首要目的不再是服务于人，而是服务于资本的增殖。我们可以接过田松教授的命题，进而提出以下命题作为一个逻辑链条：命题一，科技的进步服务于资本的增殖；命题二，资本的增殖也是商品的增殖；命题三，商品的增殖使人对物的依赖升级；命题四，科技的升级加强人对物的依赖。命题二需要专门解释一下：说“资本的增殖也是商品的增殖”，一方面是因为两个过程具有一定的重合性，另一方面是因为资本本身也可以是商品（作为商品的资本也就是借贷资本。借贷资本赤裸裸地以钱生钱，彻底地掩盖了钱的来源）。

反过来再看博物学，博物学不服务于资本的增殖，博物学视角下的物不是物质，也不是商品，或者说不把其当作商品来看待，商品不是博物之物的主要属性。博物学塑造的人与物的关系，不是依附关系，既不是人被物异化，也不是物被人奴役。博物学致力于建构“人—物共同体”，倡导人与物的“平等对话”与和谐共处。由此，可以提出命题五：博物学有利于调整人与物的关系。这五个命题本质上回到了马克思主义。马克思根据人的发展状况，把人类历史划分为三种形态：人的依赖，物的依赖，全面发展。这意味着博物学的文明批判，有可能在以“物”为核心的基础上，与马克思主义的批判理论结合起来，形成一种“人—物”哲学，这是一个有意义、有潜力的思想线索。因此我越来越坚信博物学是门关乎解放的学问，博物学对人的全面发展具有重要意义。立足于“物的再发现”，博物学为批判机械世界观、工业文明和资本主义提供了新的视角，它甚至可能会带来人类的第二次启蒙。我试图这样粗线条地勾勒两次启蒙的局部对比：第一次启蒙对抗宗教，理顺人神关系，恢复人的尊严，实现人神剥离；第二次启蒙反思科学，理顺人物关系，恢复物的尊严，实现人物共生。前者高举理性，并把理性捧过了头；后者高举德性，德性先于理性，不过高估量人类的理性算计能力。

博物学文化与中华民族伟大复兴

《西方博物学文化》结尾部分的最后两小节为“博物学与传统文化”和“生态文明的生态理念”，可谓点睛之笔，这就意味深长地将博物学指向了民族复兴这个大问题、大使命，进一步彰显出了博物学的显学气象。

对“复兴”的不同理解决定了“复兴”的不同道路。按照现代汉语对“复兴”这个双音节词的诠释，其大义就是恢复过去的强盛，重心在“兴”上。但按照汉字原子主义思维方式的解读，“复兴”由“复”和“兴”两个要素组成，缺一不可。“复”者，归本之名。丢掉历史，丢掉传统，就丢掉了同一性，即便能兴，也谈不上复兴。“复”乃“复兴”必有之意。但“复”也不是简单倒退，不是走老路、走死路，而是不忘本源、不忘初心，在螺旋式上升中寻找中心，在反复扬弃中回归主体。“兴”不是短暂的兴，不是“一时兴起”，而是要长久持续的兴。这就要求走可持续发展的道路，要求文明转型，走上生态文明的道路。民族不能忘本，发展必须持续。故无传统文化不可称复，非生态文明难以为兴。我们要真正的“复兴”，是“既复且兴”。

传统文化的复兴是中华民族伟大复兴的重要组成部分，但我们始终无法将传统文化与科学的关系摆放到正确的位置上。古代中国既无严格意义上的科学，很多传统文化又与现代科学不兼容——如何定位传统文化，用科学之外的什么框架容纳它们，这是个大问题！两年前围绕“阴阳五行说是否应该写入《中国公民科学素质基准》”的那场著名辩论，就把传统文化与科学的矛盾体现得淋漓尽致。让人费解的是，“开启民智”“科学启蒙”为什么一定要拿传统文化开刀？为什么一定要把传统文化这种“非科学”定位为“反科学”的角色？其他文化的繁荣必然会阻碍科学的发展吗？未必！如果某位老师教导学生“你不能学语文，语文好会阻碍了你学物理，至少会占用你学物理的时间”，我们会觉得这个老师要么是物理老师，要么精神有些问题！

博物学与科学之平行论的提出和阐释，为处理传统文化与科学的关系提供了新的思路和出路。平行论之后，博物学被视为一种植根于传统文化并且与诸多传统文化兼容的文化基质。很多“科学性”成问题的传统文化能很好地纳入博物学的框架。刘华杰教授“把博物学文化看作文化传统”，这个定位是准确的。“文化传统”与“传统文化”既有区别，又有联系。博物学文化既是诸多传统文化中之一种，又是一种兼容其他传统文化的文化传统。历史学家余欣也持类似的主张，把博物学文化提高到了“文化基底”的高度来弘扬（余欣，2013）。因此，我们再谈复兴博物学文化，就具有了复兴传统文化和文化传统的双重意义。在复兴传统文化上，博物学比科学更有优势，更有担当。当然，复兴博物学文化和复兴传统文化一样，既要复，又要兴。一切历史都是当代史，任何传统都有建构性，都是在历史中被历史地提炼出来的。我们要逐渐建构一种“新博物学”，一种既基于传统博物学，又面向未来生态文明的新博物学。

《西方博物学文化》首次勾勒出了西方博物学文化的概貌，但其描述的博物学文化不完全属于西方。中国古代的博物学文化与之有很多相似和相通之处。读者不难发现，在前文谈博物思维时，笔者使用的“言象意数”正是来自易学体系。作为文化之源、群经之首的《易经》，本身就体现着先民的博物学实践。在文章的最后，笔者就不再详述博物学与易学的关系了，而是打算做一件更有趣的事：荣格曾为易学之前途问卦，得火风鼎，我也效仿荣格，卜复兴博物学文化之前景，得天泽履。好卦！好气象！此卦与博物学文化甚是相应。《说文》言：“履，足之所依。”博物学是脚踏实地、在地践行的学问。《彖》曰：“履，柔复刚也。”博物学要由颓转兴了！《象》曰：“上天下泽，履。君子以辨上下，定民志。”履卦所言的是上下关系，博物学欲正天人关系。《序卦传》言：“物蓄然后有礼，故受之以履。履而泰，然后安，故受之以泰。”正所谓仓廪实则知礼仪，人类物质文明发达到一定程度才会再次重视博物传统，才会在天人关系中克己复礼，而唯有如此才可安泰。《系辞》言：“履，德之基也。”博物学倡导人类“做一个有道德的物种”。

博物学是古老的生存智慧，博物学是根本之学，博物学思维是根本思维，博物学立足的生活世界是根本世界，博物学有助于工业文明批判和生态文明建设，博物学与马克思主义具有兼容性并可能发展马克思主义，博物学甚至可能带来第二次启蒙，博物学对民族复兴更有担当……博物虽在野，然博物学却具足显学气象！将梁启超先生之“红日初升，其道大光，河出伏流，一泻汪洋”，来比喻博物学文化之重源潜发，最是恰当！

参考文献

多识仁波切 . 藏传佛教认识论 . 兰州：甘肃民族出版社，2010.

〔美〕侯世达，〔法〕桑德尔 . 表象与本质——类比、思考之源和思维之火 . 刘健等译 . 杭州：浙江人民出版社，2018.

林德宏 . 中国古代关于物的哲学 . 江海学刊 .2009（2）：11–16.

刘华杰 . 中国类科学 . 上海：上海交通大学出版社，2004.

刘华杰主编 . 西方博物学文化 . 北京：北京大学出版社，2019.

田松 . 警惕科学 . 上海：上海科学技术文献出版社，2014.

——. 有限地球时代的怀疑论——未来的世界是垃圾做的吗？北京：科学出版社，2007.

余欣 . 敦煌的博物学世界 . 兰州：甘肃教育出版社，2013.

张冀峰 . 汉字原子主义思维方式浅析 . 邯郸学院学报 .2018（3）：75–81.

林华：玩点物理、画点画的生态学家

姜　虹

采访手记：历史上女性与自然的互动，或者说女性的博物学史一直是我的研究主题。对博物学史、自然、女性的关注，让我渴望去探访当下活跃在自然领域的女性。于是，我列了一个采访名单，其中有科学家、博物画家、自然爱

野外工作照　林华供图

好者、自然教育者、自然音乐家、园艺师和环保人士等，她们以丰富多彩的方式与自然建立起紧密的联系，用热情、毅力和创造力去探索、展示或者保护自然。林华是名单上的一员，她是一位“80后”森林生态学家，生活和工作在中国科学院西双版纳热带植物园（以下简称植物园），这里有原始的热带雨林，也是植物迁地保护的“诺亚方舟”。

《中国科学报》在2014年刊登过一篇《林华：与兰结缘》的文章，将林华描述为“芳华如花、吐纳如兰”，充满诗情画意。她的朋友圈展示的也经常是充满诗意和艺术的生活，熟悉她的人对她常常有这样的印象：纤瘦柔弱，温文尔雅，带着文艺青年的气质。然而，这些不过是她生活里很小的部分，更多的则是忙碌的科研工作——她的脑子里装满了实验、数据、论文、经费、项目、学生和研讨会等。对自然和艺术的热爱，让她用科学家的智慧去探索自然奥秘，也让她用艺术家的眼光去审视自然之美；创造力和想象力在两者之间不断被激发，工作和生活也多了一些色彩。

和林华已经认识多年，她很支持我的访谈计划，也乐意成为采访对象。2019年2月底，我故地重游，来到植物园对林华进行了一次采访。说是采访，其实更像是老朋友的聚会。刚到勐仑车站，她就和其他老朋友开着车直接把我带到傣族村寨，随后我们一起登上橡皮艇，伴随着江边赶摆的傣族赞哈[1]的歌声，我们徜徉在汩汩流淌的罗梭江里，仿佛到了另外一个世界。一番畅游之后我们一起来到葫芦岛[2]她的家中，随后的几天我跟着她往返于家与实验室，一起去野外做实验，希望以这样的方式加深对她的理解。

热力学遇上生态学

物理学和森林生态学，两个学科看起来都不是那么“适合”女性。物理学作为一门“硬科学”，虽然不乏居里夫人和吴健雄这样的大家，但抽象和枯燥的理论、复杂的数学计算，却让它成了人们心目中最“不适合女生”的学科之一。还记得2017年旁听中国物理学会年会的女物理工作者圆桌讨论会时，我被优秀的女物理学家们所折服，同时也有些感叹物理学领域里女性被边缘化的处境——这也是物理学会有一个女性分会的重要原因。也记得高中时班上有位

[1] “赞哈”为傣语民间歌手之意。

[2] 西双版纳热带植物园地处云南西双版纳傣族自治州勐腊县勐仑镇，在罗梭江环绕的葫芦形半岛上，大家习惯地称其为葫芦岛。

女生报考了物理专业，女同学们都惊讶不已，而她上大学时班上只有两个女生。而生态学，看上去似乎比物理学好一点，但真正到了独立做科研的阶段，女生态学家也成了少数派。而林华偏偏成了少数中的少数，把物理学与生态学结合到了一起，显得有些不可思议。

林华曾是典型的工科生，本科就读于重庆大学的热能与动力工程专业，核心的学习内容是物理学的分支热力学。本科同学大多去了发电厂之类的单位，因为对自然的热爱，她选了一条少有人走的路，报考了中科院西双版纳热带植物园的研究生，专业变成了森林生态学。跨到新专业，林华并没有丢下大学本科所学，而是从读硕士开始就想着如何将热力学用到生态学中。对于生态学领域的人来说，热力学还是一个抽象而陌生的名词。如何把热力学的概念和理论转化成可理解的生态学指标，并实际应用于生态系统评估、植被恢复、精准灌溉等，是林华一直思考和探索的主题。

我第一次认真去关注林华的研究时，在感到迷茫的同时也收获了惊喜。耗散结构、熵、㶲（可用能）等名词虽然有所耳闻，但不仅难以理解，而且觉得和生态学扯不上关系。经过林华的科普，再看了她早期的能量生态学论文和这几年的一些研究成果介绍，我对这种新奇的跨学科研究思路深感惊讶。然而在她看来，这没有什么值得惊讶的，“其实生态学领域对热力学并不陌生，如大家都很熟悉的热量、动能、温度等，都和热力学密切相关，也会经常用到，只是很少朝着热力学方向去思考罢了。”她从“热”开始向我解释，热是品位最低的能量，发热越多意味着能量利用效率越低。如电脑，在相同的能量下运行，发热越多的电脑运行速度越慢，越容易死机，寿命越短。因为大量的电能转化成无效的热量，用来做运算的能量就少了，而且发热还会加速电脑的损耗，降低使用寿命。如同低能耗的电脑一样，健康的生态系统可以更有效地利用太阳提供的能量，通过蒸腾、冠层结构等有效地耗散热量，降低系统表面的温度，从而减少热损耗，将更多的能量用于系统的构建和维持。热量是一切能量自发转换的最终宿命，而温度是热量的体现。由此，林华的研究与温度结下了不解之缘。在她的眼里，温度并不是一个简单的参数，它指示的是系统的整体状态。温度就像时间之矢，指示着生态系统的发展方向。她用大量的实测数据证明了：随着生态系统的生长、演替和恢复，其表面温度逐渐降低，并且从热力学的角度证明了这个过程。她的研究告诉我们，不同类型的植被表面温度不同，即使同

红外图像与可见光图像的对比，前者可以显示温度信息　林华供图

一植被类型在不同的阶段和状态下，表面温度也不一样。于是，她又开始探索用标准化的表面温度来判断森林的退化及受干扰的程度。最近，她又在探索如何用无人机测量植被表面的温度，期望能够找到一种快速判断植被健康和森林退化情况的方法。

将热力学概念和理论引入到生态学模型中，需要精通热力学和生态学领域的理论知识。在实际研究中，则需要充分利用全世界生态观测大数据进行编程和建模，对理论进行评估和验证，促进生态热力学理论基础的发展。在生态系统评估中，表面温度并不能用于直接比较不同植被类型，如何标准化表面温度、如何建模，需要反复探索和实验。而在实验手段上，除了理论阶段所需要的大数据平台、数理统计、编程和建模等，还要用到多种测温技术，如热电偶、红外热像仪、无人机红外摄像以及星载遥感等设备和技术。林华不断学习各种理论知识和实验技术，感叹实在学不过来。她深感数学、物理、计算机等学科与生态学的跨学科结合很有必要，然而这些学科鲜有人会对生态学有兴趣，生态学家则心有余而力不足，她自己的研究时常让人觉得难以理解，就连论文投稿都很难找到审稿人。

热力生态学在全世界都是一个小众领域，缺少同行交流和合作机会一直是林华面临的问题。除了坚持在这条少有人走的道路上前行，她也期望更多的人能了解这个小领域并加入进来。因此，她积极参加国内外的学术交流活动，与中国科学院遥感和地球数字研究所合作举办热红外及光谱成像遥感技术培训班，推广无人机热红外遥感技术，和热能动力专业的专家

和学生一起做起飞前的准备工作

设备时常出现状况，林华和仪器公司电话沟通解决

保持着密切的合作并发表了不少研究成果。从重庆大学毕业多年后再次回到母校时，她曾感叹“热力与动力工程，其实我从未离开过”。回头看看她从读研到现在的科研历程，除了短暂地在其他课题组做过兰花传粉研究，她确实从未离开过热力学，以后也没打算离开。对她而言，在科研的世界里，热力学与生态学碰撞出的火花妙不可言，为何要离开？

做实验的一天

2019年2月26日，星期二，依然没用闹钟，林华在差不多的时间起来。母亲还没准备好早餐，她有点着急，因为和学生约好了八点半开始布置实验。等不及母亲做好杂粮豆浆，她用微波炉热了牛奶，匆忙吃完早餐，独自开车到实验室去了。等我坐着九点半的班车过去时，她和学生们已经早早准备好随时可以起飞的无人机和作为对照的升温测量装置。但在雾凉季的尾巴上，西双版纳的晨雾还没散去，差不多等到十点，她和学生才开始启动无人机。

这次实验是在无人机上安置热红外相机，让它在西双版纳不同类型的植被上空通过红外摄像记录林冠表面的温度变化。无人机在生态学领域的应用越来越广泛，但大多是搭载可见光相机，鲜有安装热红外相机的；技术还很不成熟，很多东西需要自己摸索。这也是林华第一次使用无人机搭载热红外相机做实验。今天的航线是植物园东区的沟谷雨林和河对岸的橡胶林、香蕉林，前者是生物多样性丰富的原始雨林，后两者是西双版纳典型的人工经济林。无人机沿着预先设计好的航线飞行，每隔2秒拍摄一次红外照片。因为今天有两条航线，林华和学生不断在两个起飞点切换。为了保证每次飞行能够顺利返航，飞完一次就更换电池，换下来的电池随即充电，即便如此，电池依然有些供应不上。实验过程中时不时出现一点小状况，林华不得不一边监视着无人机的状况，一边跟仪器公司电话沟通。更多的时间是在太阳底下等待，等无人机返航，等电池充好电，等下一次飞行……林华打趣地说："做实验就是这么无聊，有些实验是累得无聊，这个实验是等得无聊。"

到了午饭时间，她让学生先吃饭，自己顶着烈日，又在两条航线上飞了一次。等到学生吃完回来看守设备，才驱车赶回办公室，把刚拍到的图像数据全部备份到电脑才饥肠辘辘地回家。我们到家时已经过了下午一点半，她快速吃完饭，嘱咐我休息好了再过去，便独自开车走了。我坐着下午三点半的班车过去时，气温已经超过30℃，无人机起飞点的水泥地面温度高达55℃，热得让人有些窒息。只见她戴着遮阳帽，捂得严严实实，只露出眼睛，这也是在西双版纳大家出野外常见的防晒装扮。在烈日的炙烤中，实验持续到下午五点半左右才结束。收拾好所有的实验物品，到办公室把下午采集的数据和图像备份，一

高耸的观测塔　林华供图

午后的烈日下，防晒必不可少

天的工作才算告一段落。

因为是在植物园里做实验，相比去野外已经算相当轻松了。之后有一天，我跟着她去了勐仑水库，有一段山路坑坑洼洼，越野车颠簸得厉害。安排好实验后，她留下两个学生继续做实验，我们辗转去了七八十公里外的大渡岗万亩茶园，希望能在那边找到一个雨林和茶园相邻的实验点。从上午十点多一直到下午四点多，除了匆忙的午餐，就一直开车奔波，辗转了几个地方才算找到了一个相对满意的地方。那是在一个茶厂的平房上，没有楼梯，上下得从屋后的土坡上搭一块木板当梯子，我们手脚并用才爬上去。做实验时那么多东西，估计到时候只能吊上去了。午饭后大家都又累又困，我在车里睡着了，醒来时她说自己也好困啊，但没有办法，得边走边看，不能错过潜在的样地。每个热爱自然的人，都不会讨厌到山野里去，但正如林华所言，如果出野外是工作，就意味着压力和责任，总是会担心发生意外导致实验不顺利，比如下雨、车坏了、学生生病、仪器故障等等，和纯粹的户外运动或博物旅行完全是两码事了。

我亲历的这次无人机热红外测温实验比起其他的野外工作实在不算什么，她曾走遍西双版纳丛林考察西双版纳的野生兰花，在温度最高时去林子里测叶片温度，在大雨中观察兰花传粉，爬上 80 米高的观测塔安装热电偶测温仪等。塔吊的长臂横在将近 30 层楼高的丛林上空，让人看着心惊胆战。我问她害不害怕，她笑笑说："还好啊，有安全装备呢。"她和同事或学生每个季节都要到观测塔上做测温实验，在局促的铁吊篮里一待就是大半天。里面几乎转不开身，一天下来大家都疲惫不堪。随着铁

和泰国学生 Mat 一起做热偶测温仪

和学生一起，一人操控平板电脑，一人操控无人机遥控器

吊篮的升降和塔臂的转动，他们把测温探头伸到需要测量的叶片上。测量叶片温度可以评估不同树种的耐热性和极端天气（如热浪）下的安全性，甚至预测植物对气候变暖的响应等。

学生眼中的林老师

林华是一位把学生很当回事的导师，不管是在实验室还是野外，都很关心学生。我第一天跟他们去放飞无人机的时候，一个男生因为低血糖差点晕厥。她有些担心，赶紧让他到荫凉处休息，叫其他学生去拿水和吃的来。在两次起飞间隙，她开车回实验室取材料，回来的第一件事就是把饼干给那个学生吃。见那个学生休息了好一会儿也没见好转，她索性让另一个学生骑着电动车带他去看医生。之后的两三天，她也时常挂念着那个学生，后来还亲自带他去医院才放心下来。从很多细节都可以看到林老师对学生的体贴入微：去野外做实验出发前带他们到超市，让每个人选自己想吃的东西，帮他们备好驱蚊水，怕他们晒着把太阳伞给他们，并教他们用枝叶搭建简易的遮阴篷，等等。

在泰国留学生 Mat 眼里，林老师在科研上总是很耐心地指导和帮助学生，在生活上也很关心他们。她总是及时回复学生的每一封电子邮件，解答他们的困惑。刚来中国时，Mat 对林华的研究还很陌生，于是在他硕士一年级在北京

和实习的学生交谈

上基础课期间，林华时常推荐一些重要的文献给他阅读。Mat 读完后通过电子邮件跟导师汇报自己对文献的理解，林华都会及时地反馈，尤其是纠正他理解不对的地方。在频繁的交流中，Mat 对导师的研究领域理解越来越多，也越来越喜欢。回到实验室后，林华总是不厌其烦地解答 Mat 在实验中遇到的各种困惑，培养他独立思考和解决问题的能力，并教他如何有效管理时间。相比其他同学，Mat 觉得自己很幸运，能有这样随时可以"答疑解惑"的导师，"其他同学有时候会抱怨，给导师写的邮件都收不到回复，让他们觉得很迷茫，但我从来没遇到过这样的问题。"在生活上，林老师也常常让 Mat 感动。有一次 Mat 和同学在元江生态站出野外，需要待两个星期。他无意中提到好想吃蛋糕，过了几天，林华再去看他们时，真的就带着蛋糕，让 Mat 觉得好惊喜。原本只是随便说说的小事，不曾想老师却记在心上，也难怪学生会感动。在 Mat 生病时，林华会叫学生带药给他；请他和其他学生到家里吃饭、画画、喝茶也是常有的事。

不管是自己的学生，还是来实验室实习的学生，她总是尽力去了解他们每个人的特点，因材施教。我第一次跟她去办公室就遇到两名大三学生来找她，希望跟着她实习，林华保持着一贯的柔声细语，问他们喜欢实验还是喜欢出野外。男生希望出野外，她就安排他去参加无人机测温实验；而女生喜欢在实验室，她就让 Mat 带她学习实验技术。

艺术生活

一来到林华家门前，就能感受到家里的艺术气息。她家的铁门上是她用丙烯画的一幅画，一条小径通向寂静的丛林深处，一只猫头鹰从茂密的枝叶中露出脸来，炯炯有神地看着来人。家里看似随意地摆放着她画的国画和石头画，与种子、鸟窝、竹编、干花等各种自然物摆件相得益彰。

画画于她而言，可以平心、静气、养性，做实验的疲劳似乎一下没了。她享受画画的每个时刻，她甚至觉得画画比科研更能给她带来成就感。她结识了很多艺术家，经常把自己的作品拿去让他们点评或完善，也常常参加各种艺术交流活动。某天做完实验回家，林华母亲还没做好晚饭。趁着等待的时间她赶紧跑到房间，拿出纸笔颜料，迅速切换到画画的模式。她在我对面认真描摹着一幅火焰花的国画，我们的耳边响着各种虫鸣，墙上偶尔蹿出来一只小壁虎。对林华来说，国画更有挑战，她常常在画国画时感到沮丧。

院子里的根雕和自然物摆件

虽然之前一位艺术家在讲座中做过一些指导，在画这幅火焰花时她还是有很多地方感到力不从心。她调试各种颜料，时不时去参考画家的原作，回忆火焰花真实的色彩和姿态。中途停下来吃了晚饭，又迅速回到画桌前。到九点时她突然停下来，喃喃道："不能画了，再画就没时间工作了。"然后赶紧回到电脑前，切换到学术状态。如此快速又自如的状态切换，而且对爱好和工作都能那么专注，着实让我有些羡慕。见缝插针画了这么两个晚上，这幅画基本完成，但她自己并不太满意。又过了些时日，她突然发了一个新版本给

老旧的铁门摇身变成艺术作品

我，说有艺术家帮忙改了下，看上去好多了，这幅画才算圆满了。

相比国画，她更喜欢也更擅长用丙烯在石头上画各种动植物。尽管有画家觉得画石头不够艺术，但她却很享受“看着生命在石头上生长”的乐趣。在工作不那么忙的时候，她会召集喜欢画画的学生和年轻职工到院子里，围坐在长长的桌子边，一起喝茶聊天一边画石头。每个人选好喜欢的图案，再挑一块合适的石头。遇到画不下去的时候，大家会请教林华，每次活动结束时大家都会揣着自己的作品满意而归。而她自己已经画过很多的石头，尝试了不同的题材，在选择石头和图案的时候总是会很认真去思考，对形状各异的石头适合画什么样的图案有很强的驾驭能力。她带着大家画的石头，出现在植物园观鸟节的摊位上，也长期摆在纪念品商店的橱窗里；她画的绿胸八色鸫成了杯垫、文化衫和

这幅火焰花在展览中　林华供图

做完实验的一天，赶紧画一会儿

石头画作品　林华供图

玩偶等工艺纪念品的图案。2019 年春节期间，植物园旁边的安纳塔拉度假酒店为何瑞华老师的工笔画和她的石头画办了展览。除了国画和石头画，她也偶尔画一些其他的画，如为植物园棕榈展览在棕榈扇子上画了一幅孔雀图，为同事发表的学术论文绘制插图等。不管是哪种绘画，自然一直是她的主题，仔细观察每一个绘画对象都是必需的过程。第一次画论文插图对她来说挑战不小，她并没有画过这么精细的插图，除了平时绘画需要考虑的构图、色彩等问题，每只蚂蚁、每个榕果的细微之处都要准确无误，对耐心、观察力和技艺都是考验。博物绘画经历过低潮后又开始随着博物学的复兴在大众里流行起来，但科学家们却回不到手绘插图的时代，能自己绘制插图的科学家更是寥寥无几。看着这

为同事论文绘制的插图　林华供图

幅画，仿佛回到了有些遥远的手绘时代，那时候不少博物学家和生物学家都画得一手好画呢。

林华还有一个很重要的爱好，是收藏少数民族服饰。她打趣地说：“我也买了好多很贵的衣服啊，可是都不能穿，也舍不得穿。”这个收藏爱好从她读博的时候就有了，已经坚持了多年。记得上学时，我们一起住在植物园昆明分部的公寓，她的衣柜里就挂满了精致的苗族绣品，裙子、外套、鞋帽、包、腰带等，以及传统的手工银饰，博士津贴基本都被她拿来买这些了。她常常跑到贵州苗乡，去收集那些精美的刺绣服饰和银饰。而现在，她自己的衣服依然保持着一贯的简朴，

自己当模特，展示收藏的民族服饰
林华供图

给父母亲拍的情侣照　林华供图

旗袍留影 林华供图

藏品却越来越多，除了继续收藏苗绣，也增加了不少西双版纳少数民族的服饰。比起给自己买的衣服，这些不能穿的衣服确实要昂贵很多，不亚于商场那些名牌服装。然而，“哪里都一样的繁华都市，人人都用 Gucci 的包，穿范思哲的衣服，真的好吗？”林华如此追问道。收藏让她关注传统手工艺的传承和保护，她对藏品的制作工艺和蕴含的文化意义都颇有研究，时常在朋友圈分享这些藏品，普及传统文化和艺术，也曾撰文介绍苗侗族亮布的制作[1]。

除了绘画和收藏，林华还喜欢摄影。她跟摄影达人学拍萤火虫和星空，去捕捉西双版纳奇妙的自然世界。她也给父母拍温馨浪漫的情侣照，和闺蜜们穿上白裙或旗袍，拍森女系或文艺风的美照。看到她那些清新文艺的照片，与野外的工作照形成鲜明的对比，让人难以相信这是同一个人。

葫芦岛上的田园生活

林华的家是一座二层的小院，在西双版纳植物园的竹类专类园旁。我刚毕业留在植物园工作的那几年，就住在她家隔壁的院子里，彼此经常隔墙打招呼、借东西。我们家门口有一棵杧果树，院子后面是大片竹林。这次去找她，再次住在这样的小院，晚上在各种虫鸣中入睡，早晨在鸟儿的欢歌里醒来，仿佛一下回到了曾经在植物园里的惬意时光。

好些年过去了，竹区的住户少了很多，年轻的邻居们陆续离开了植物园或搬到新建的小区里。但林华和另外几户邻居依然保持着当年的生活，既有田园牧歌的惬意，又夹杂着与丛林作战的苦

[1] 见林华 . 亮布的秘密 . 生命世界，2011（4）：74–77.

后院的菜地，菜地后面是竹林

林华父亲在打磨树根

竹区的邻居们草坪聚餐　林华供图

中作乐。院子里摆满了各种简单加工或没有加工的自然艺术品。这里也是林华父亲的根艺“工作室”，散步捡回来的树枝和根茎，总能在他手里变成一件工艺品。后院的菜地不大，林华母亲常常在清晨去捉虫，做饭前去采一把菜叶进屋煮面，有时也分享给邻居。邻居们有时会各家做一些菜，在草坪上摆上桌椅聚餐。院子和房间里总有些可爱的丛林访客，从常见的蚂蚁、壁虎、蜘蛛到偶尔来访的萤火虫、螳螂和各种漂亮的鸟儿，甚至紫色的螃蟹，当然也有吓人的大蜈蚣、老鼠和蛇，以及防不胜防的毒虫。离开植物园很久了，我还常常会想起关灯后卧室里闪烁的萤火虫，那是只属于植物园的记忆。但毒虫叮咬也让人有些无奈，尤其是天气转热后，蚊虫防不胜防，有些毒虫叮咬后红肿几天都好不了，还有毛毛虫亲吻皮肤后的痛痒，恙虫叮咬后的高烧，等等。也就林华这样真正喜欢自然的人，才喜欢住在这样的原生态小院里。她对院子里的访客们充满好奇心，经常像博物学家一样去观察和记录它们。她习惯了壁虎在墙上乱窜，会观察院子里的蚂蚁窝和蜂巢，会惊叹一夜之间挡住楼梯的蜘蛛网以及那些奇特的访客们，看到它们首先想的是去记录它们的倩影，尽量不惊扰它们，而不是被吓得大叫。

林华在植物园生活久了，对都市的喧嚣和嘈杂有些抗拒。有一次她来成都出差，第一天骑车去开会的地方，成都早高峰时潮水般的电动车流让她有些紧张，之后就改成坐公交车了。开车也是如此，刚买车的时候她不得不请教练陪练，因为只习惯在没有交通灯的葫芦岛或附近开开，到了城里就开不了。这也是很多葫芦岛人到城里后很不习惯的地方，风景如画、充满田园气息的葫芦岛上的生活，和大城市的确相距甚远。她曾感叹道，“在版纳待久了，一出去就会生病。”比起身体的不适应，心理的不适应更明显。在植物园即便是一个人生活也不会觉得孤单，她能在工作、艺术、自然中找到很多乐趣，这里有不少和她一样热爱自然的人，以及越来越多的艺术家们从全国各地聚集到这里。城市里的“每个人被关在局促的小格子里，看不到花开的微笑，听不到蚂蚁行军的步伐，尝不到晨露的甘甜，每个人对着手机或悲或喜，以为可以主宰世界，却活在一个极不真实的空间”，所以偶尔进城待几天的时候，她反而觉得孤单。

结语：边疆，诗和远方背后的追求

如果去看林华的朋友圈，你会惊叹于她的精力之旺盛：除了科研和艺术，她担任了人大代表，关心版纳民生，积极参加女科学家的各类活动，关注女科学的处境和发展，等等；也会惊叹她如此多才多艺，出得野外，入得画室，上得球场，下得厨房，羡慕她在风景如画的葫芦岛上过着诗情画意的生活，像博物学家一样观察和记录身边奇妙的自然世界。但葫芦岛这个西南边陲之地，别人眼里的“诗与远方”，并非只有田园牧歌的一面。林华曾感叹“当越来越多的年轻人因为子女教育问题不得不放弃科研，不得不离开植物园的时候，我更加体会到‘边疆’的含义”。“扎根边疆”虽然与老一辈拓荒时的情形已大不一样，但身处边疆面临的种种现实问题依然让人有些无奈。“扎根”需要的不仅仅是对自然的热爱，更考验勇气和忍耐力。高压力、高强度的科研工作才是林华在生活中的主旋律，边缘化的小众研究领域和女科学家地位让压力更增加了不少。她曾感慨，“所有人认为的理所当然，看到的淡定和从容，背后都隐藏着不为人知的努力与不懈的追求。”靠着这些努力和追求，她坚定地在科研主旋律里砥砺前行，伴随着主旋律，不懈的艺术追求，让她的生活闪耀着别样的光芒。

（注：本文图片无特殊说明，均为作者拍摄）

生活世界

探古寻“金”：历经风雨的多劳科西金矿

杨舒娅

题记：在英国加的夫大学（Cardiff University）访学期间，我有幸选修课程“古代世界的发明与发现（Invention and Discovery in the Ancient World）”并参加课外教学活动。查阅相关历史资料后，在授课教师洛伦丝·托特林（Laurence Totelin）博士的带领下，同加的夫大学历史、宗教与考古系的学生一起于 2019 年 4 月 5 日踏上了探访威尔士多劳科西金矿（Dolaucothi Gold Mine）遗址的旅程。

位于大不列颠岛西南部的威尔士是英国的四大构成国（Constituent Country）之一。不论行走在城市还是乡镇，随处可见的威尔士语标牌和白绿背景映红龙的国旗，都在展示着这片土地上独特而悠久的历史与文化。更令人惊喜的是，威尔士还因出产品质优良的黄金而著名，现藏于大英博物馆的威尔士纯金肩饰是其最为著名的代表文物。由于颜色独特、光泽诱人，威尔士黄金深受人们喜爱，甚至成为英国皇室打造婚戒的御用黄金，如今因停止开采而愈显珍贵。此次课外考察的目的地——多劳科西金矿遗址便是曾经出产威尔士黄金的金矿之一，也是迄今为止在英国发现的唯一经历过罗马时代开采活动且保留至今的金矿。[1]

[1] 在 18 世纪 60 年代的考古活动中，研究者在金矿附近发现了早于罗马时代的开采痕迹。这个观察结果随后在 2000 年的研究中得到进一步证实，科研人员判断出多劳科西金矿的开采活动最早可以追溯到 4000 年前的青铜时代（Arblaster，18）。但无疑罗马时代的开采活动为多劳科西金矿的历史增添了最为浓墨重彩的一笔。

威尔士黄金肩饰　杨舒娅摄于大英博物馆

1. 罗马的荣光：得天独厚的地理位置与精湛高超的工程技术

多劳科西（Dolaucothi）的意思是“科西牧场（Meadows of the Cothi）”，威尔士语称其为 Ogofau，意为“洞穴”，以形容其平硐（Adit）[1] 开口的形状犹如洞穴一般。多劳科西金矿位于威尔士多劳科西－帕姆赛恩特（Dolaucothi-Pumsaint）地区，靠近南威尔士与中威尔士的分界处。它沿东北—西南走向的山脊延伸，长逾 1 公里，面积超过 2500 英亩。（Bumham and Bumham，2004：1）两条河流包围着这片山丘：西边的科西河（River Cothi）以及东边的安内尔河（River Annell）为这片土地带来了充沛的水资源，这是该处可以进行水力采矿的先决条件。

公元 70 年到 80 年，罗马人在攻占不列颠以后进入该地区，开始进行金矿的勘探及开采，距今已有近两千年的历史。罗马人到底通过什么方式了解到该地区存在稀有金属已无从可考，但无疑他们为此地带来了当时最为先进的工程技术。由于水资源丰富，罗马人明智地选择运用水力进行开矿及采矿，主要用

[1]　对矿山、矿井等进行采掘时，直接与地面相通的水平巷道。

形状犹如洞穴的罗马平硐　托特林博士摄于多劳科西金矿遗址公园

来冲洗表层土和清洗压碎的矿石。这种开矿方法名为冲刷找矿法（Hushing）：开矿者在选定的开矿地点修建合适体积的蓄水池，并将周围的水源引入其中储存；利用顷刻间释放的水的冲击力将表层泥土洗掉，使基岩和含有黄金的脉矿显现出来。当蓄水池周围的基岩并没有显现出存在金矿的特征时，这块区域连同蓄水池便会一起被遗弃，因此蓄水池的使用情况可以有效反映该区域是否存在金矿。冲刷找矿法可以有效地寻找矿脉，19 世纪的英国和 20 世纪的非洲都还在使用这种方法。将矿石从围岩中分离出来的过程同样需要大量的水：由于当地的岩石质地坚硬，罗马矿工必须采用一种名为火力取矿（Fire Setting）的传统方法，即先通过火焰加热再利用冷水收缩使岩石破碎，然后从中取出矿石。

有关开矿和采矿诸方法，古罗马作者留下了许多文本记录。曾任西班牙矿井监督官的老普林尼（Pliny de Elder，公元 21–79 年）在《博物志》（*Natural History*）33.67–78 中就系统地介绍了古罗马普遍采用的三种探矿技术：冲刷找矿法、竖向掘矿法、长时间井下劳作法。他还为每种方法得到的对应的矿石起了不同的名字，可见各类探矿方法在当时已经被罗马人熟练掌握并应用于不同类型的矿场中。探矿和采矿离不开大量的劳动力，老普林尼也描述了罗马矿工日复一日在矿井中辛苦作业的场景：他们需要长期忍受不见阳光的日子，仅靠微弱的烛光照明，背着重达 150 磅（约 68 千克）的矿石缓缓前进，直至挖通矿道；火力取矿的高温以及产生的大量蒸汽和废料亦不断危害着矿工们的健康。对此，老普林尼不禁感慨：仅仅是对黄金的渴求，便足以促使当权者发动如此劳民伤财的浩大工程！

水力探矿及采矿过程中最重要的两种技术是水车提水（Raising Water）技术和渡槽（Aqueduct）修建技术。水车提水指的是用人力推动的水车将低处的水引向高处，再通过渡槽运输至目的地的技术。古罗马建筑师马库斯·维特鲁威·波利奥（Marcus Vitruvius Pollio，约公元前 80 或前 70 – 公元前 25 年）在其著作《建筑十书》（*On Architecture*）10. 4–7 中具体描述了渡槽的建造方法、使用材料和相关技术，以及水车的建造与运作过程。使用最多的是方斗式水车，这种人力驱动的水车可以在短时间内将大量的水提升到一定的高度，其主要工作原理是利用水车外围的盛水方斗将水从水源中抬起，于高处倾倒至与之相连的管道中从而完成提水的动作。渡槽则是重要的运输系统，同时也是金矿开采后遗留下来的最为明显的痕迹。罗马人

方斗式水车

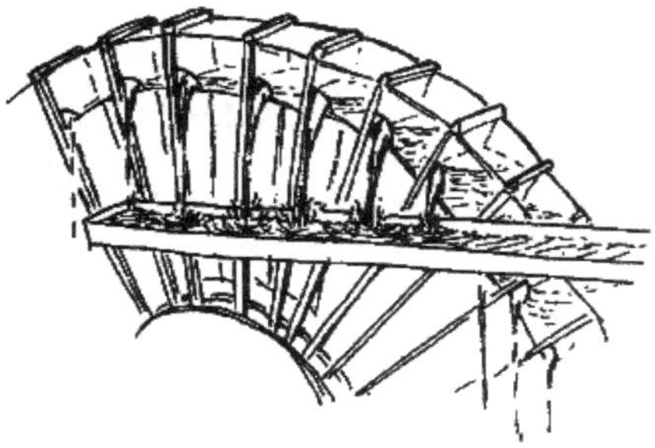

斗

西班牙里奥廷托矿（Rio Timto Mines），八对水车，提水总高度为97英尺。
［根据希利（J.F.Healy）《古希腊罗马世界的采矿业与冶金术》（伦敦，1978）绘制］

路易斯安那州水稻田中的斗式水车，19/20世纪

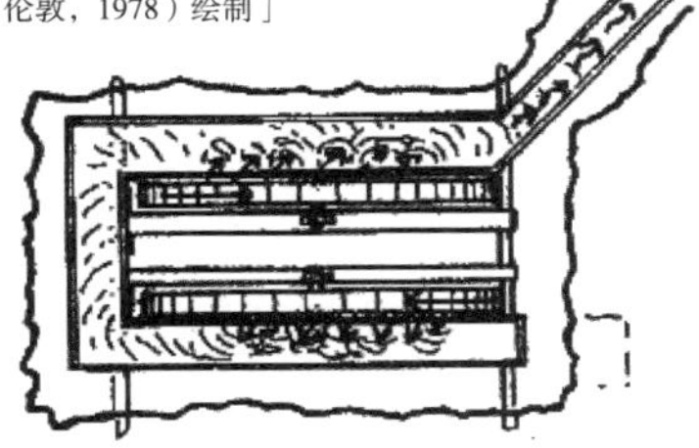

《建筑十书》配图，左中为方斗式水车示意图

有着高超的渡槽建造技术，他们在公元前 312 年就已修建出第一条渡槽。作为最基本的水源运输系统，渡槽技术在开矿之外也被广泛运用于运输喷泉用水、浴场用水、居民用水等。

伴随着开矿工程的进行，罗马人在附近的帕姆赛恩特地区修建城堡等防御工事来保护金矿，同时守卫由此进入罗马辖区的通道。但罗马军队并未在该地区长时间停留，他们于公元 125 年舍弃了该城堡。而通过考古发现的公元 4 世纪罗马钱币以及在帕姆赛恩特镇南部发掘出的小型罗马浴场遗址，却显示出罗马人随后曾在该地区长期活动。

《不列颠志》（*Britannia*） 图片来自网络

2. 五百年的历练：从维多利亚时期的再开采到面向公众的现代遗址公园

随着 5 世纪罗马人从不列颠撤出，多劳科西金矿也逐渐被人遗忘，早期的威尔士语文献中并未出现有关多劳科西金矿的只字片语。最早的英文记录见于 17 世纪末发行的威廉·卡姆登（William Camden, 1551–1623）所著《不列颠志》（*Britannia*）修订本，威尔士相关章节的编纂者爱德华·劳埃德（Edward Llywd，1660–1709）在记录当地圣石（Paulinus Stone）的时候提到了这些“中空但被开采废料所包围的矿洞”，并推测已有的开采痕迹应该来自罗马时代（Arblaster，2018：18）。虽然并不为当时民众所广泛了解，多劳科西金矿却得到了博物学家约瑟夫·班克斯（Joseph Banks，1743–1820）的青睐。1767 年，还未成为英国皇家学会主席的他慕名来到毗邻多劳科西金矿的埃德温斯福德（Edwinsford）地区，只为一睹罗马采矿工程的风貌；他将这些矿洞誉为“岛上最美的古代遗迹”。（Arblaster，2018：19）30 年后（1797 年），他更是

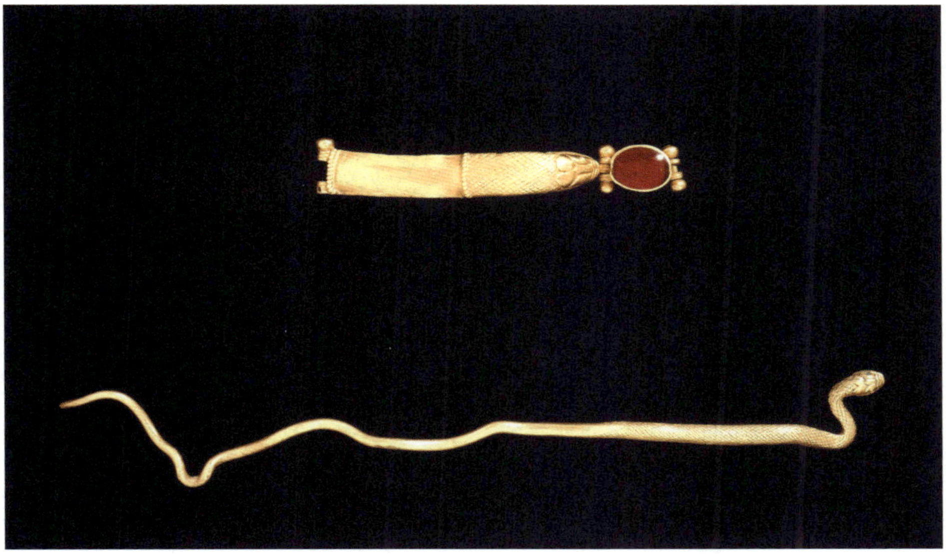

1797 年多劳科西金矿出土的金器　图片来自网络

怀着巨大的喜悦得知在他“最喜欢的地方”出土了三件古代金器[1]。这一惊人的考古发现同样真正引起了公众对多劳科西金矿的好奇与关注。在此之后，有人试图再次开采多劳科西金矿，但所获无多。

19 世纪 30 年代以后，英国经历着社会发展、生产方式、政治环境等各个方面的变革，工业化生产对矿产资源的巨大依赖终于拉开了多劳科西金矿近代开采的序幕。正式开采开始于 50 年代后，这个时期的主要开矿方法是通过捣碎机粉碎废石堆里的矿石来提取出其中残存的黄金。1872 年开始了对多劳科西金矿的重新挖掘，但仅持续了 7 年，相比而言，人们似乎更愿意将其作为一个具有神秘色彩的旅游胜地。紧接着在 80 年代的淘金热中，维多利亚南威尔士金矿公司（Victoria South Wales Gold Mining Company）将多劳科西金矿从其拥有者琼斯家族（Johnes Family）手中租出，再次尝试开采；可惜这次工程因采矿成本高、获得黄金太少而于第一次世界大战前夕停止，添置的仪器设备也以原来十分之一的价格卖出。1908 年的又一次尝试则以 1912 年一方投资者的破产而告终。20 世纪 30 年代初多劳科西金矿

[1]　分别为一条金链、半条蛇形金手镯和一个车轮型金吊坠。

经历了第四次开采；在此过程中，矿工们从地下采矿场中发现了保存完好的木质工具，包括一架梯子、一个淘金盘以及具有典型古罗马时代特征的水车边缘残片（Arblaster，2018：15），又一次证明了其开采历史始于罗马时代。1938年，由于威尔士的黄金产量下降，英国政府下令关闭国内所有的金矿矿场，多劳科西金矿的开采工作也随即完全停止。1941年，多劳科西金矿拥有者赫伯特·T. C. 劳埃德－琼斯（Herbert T. C. Lloyd-Johnes）先生将其捐赠给国民信托组织（National Trust, 原译名为国家名胜古迹信托）。

总的来说，维多利亚时期重新开采多劳科西金矿并不十分成功，以至于当时人们用这样的比喻来描述金矿的开采结果：罗马人取走了多劳科西金矿宝贵的珍珠，只留下了廉价的贝壳（Arblaster，2018：38）。这一时期主要使用火药和钻具进行开矿，大量的粉尘和机械误伤依旧是影响矿工健康的两个重要因素；由于缺少基本防护措施，当时许多矿工都痛苦地死于硅肺病，让他们坚持从事采矿工作的主要因素是相对高昂的工资（Arblaster，2018：30）。1975年至2000年间，威尔士当地各个大学相关专业的学者及学生在多劳科西金矿开展了一系列科学研究活动和矿井改造工作，在进行考古发现的同时将其打造成适合游客观光学习的安全景点；2000年以后，国民信托组织在原有基础上进行了基础设施整改，以提高游客的游览体验，例如将矿井入口前的土地整理平整以方便乘坐轮椅者进入、改进了连接高低矿井之间的人行走道等（Bumbam and Bumham，2004：22）。至此，多劳科西金矿最终以遗址公园的形式长久地保留下来。

3. 触摸历史：近距离探访多劳科西金矿

在了解多劳科西金矿的历史之后，我对于此次探访之旅有了更多的期待。出行当日正值国内清明节气，加的夫的天空一如既往地阴云密布。我们一行三十余人于早上11点集合，准时乘坐大巴前往多劳科西金矿；沿途经过了精巧的小型城镇，也遇见了热闹的购物中心。布雷肯比肯斯国家公园（Brecon Beacons National Park）是途中不应错过的美景，除了悠然漫步的可爱羊群和碧绿如新的大片草地，我们还惊喜地遇见了白雪覆盖的环形山丘。

大约经过两个小时的车程，我们到达了目的地多劳科西金矿遗址公园。从停车场往山上走，就能看见不远处公园

草地与羊群　杨舒娅摄于去往多劳科西金矿遗址公园的途中

覆雪的山丘　杨舒娅摄于去往多劳科西金矿遗址公园的途中

从矿山上俯瞰矿场

杨舒娅摄于多劳科西金矿遗址公园

低处的罗马平硐

杨舒娅摄于去往多劳科西金矿遗址公园的途中

讲解员贝丝女士通过水车模型介绍罗马水车提水法的工作原理

托特林博士摄于多劳科西金矿遗址公园

罗马矿洞入口内部
杨舒娅摄于多劳科西金矿遗址公园

罗马矿洞内部
杨舒娅摄于多劳科西金矿遗址公园

的大门。穿过售票厅进入场地内部，首先映入眼帘的便是一座巨大的吊塔和五座墨绿色的平房，有同学打趣说我们今天参观的应该是军营。短暂休整以后，我们在工作人员的帮助下戴上了安全帽和矿井灯，一下子变成了一群期待一睹金矿全貌的小黄人。在进入矿井之前，讲解员贝丝（Beth）女士通过缩小一半的水车模型为我们讲解了罗马水车提水法的工作原理：用人力推动木质水车，水车外围的方斗浸入水中盛满水，待转到高处时通过重力作用将水倒入高于水面的渡槽中运走。在亲眼见识过罗马人精巧的提水技术以后，我们开始沿着栈道往山上走，不一会儿便能从较高的地方俯瞰整个露天矿场。首先到达的地点是罗马平硐低处的开口，这是一个由采矿废料建造的平硐，开口呈四方形，有些类似于棺材的形状；我们由此进入罗马矿洞。与入口相比，平硐的内部更为宽敞规整，可以容纳3人并排行走；两边的石壁上留下的密密麻麻的痕迹，都是当年罗马矿工用锄头等工具一下一下开凿出来的。矿洞里面潮湿幽暗，坑坑洼洼的地面上满是积水，时不时还会有水滴从洞顶上滴下来。接着向内行进，矿洞开始变窄，逐渐呈现出不规则的形态。矿洞深处的岩壁随着灯光的明暗变化闪闪发光，这时贝丝问大家：“你们知道这些亮晶晶的东西是什么？”不少同学不假思索脱口而出：“Gold！”贝丝随即笑着回应道：“如果金子真的这么容易找到的话，罗马人就不需要不分昼夜地辛勤劳作了。这些发光的实际上是一种真菌，在光照之下会有闪烁的光泽。”恍然大悟的我们不禁发出“原来如此”的感叹，接着向前行进，最后从高处的出口离开罗马平硐。

罗马渡槽系统遗迹　杨舒娅摄于多劳科西金矿遗址公园

我们继续往山上走，不一会儿就能望见远处山丘上罗马时代的渡槽系统和蓄水池留下的痕迹。行进到一半时阴沉的天空干脆下起雨来，绵密的雨点配合着旷野上的风，穿过还未长出新叶的橡树林，不时带来些许英式的早春寒意。而林间山色却在清雨淡雾中显得更加清新可爱，行走其中，不觉步伐都轻快了起来。随后我们来到了维多利亚时期的矿井入口。相较罗马矿洞，维多利亚时期的矿洞明显宽敞很多，因为开始使用火药等原因，洞中岩壁上没有太多人工开凿的痕迹，角落里倒是摆放着铁钎等当时使用的工具。走进矿洞深处，贝丝开始为我们介绍蜡烛在维多利亚矿井中的重要性。她点亮蜡烛以后示意我们关掉各自的矿井灯，洞里一下子变得更加幽静。贝丝告诉我们，即使在维多利亚时期，井下的矿工依旧只能依靠烛火照明，他们甚至需要依靠蜡烛的燃烧来计算工作时间，因此蜡烛是井下十分重要的易耗品之一。她接着问道：“你们可以想象在井下没有烛光的日子吗？”说着便轻轻吹灭了蜡烛，一瞬间黑暗包围

行进途中　杨舒娅摄于多劳科西金矿遗址公园

维多利亚矿井入口　杨舒娅摄于多劳科西金矿遗址公园

了一切，我甚至不能感知周围同学的存在。几分钟以后，开始适应无光环境后的我们感觉到在头顶上方有一点点微弱的光线，那是从上端出口处透进来的阳光。贝丝告诉我们头顶上的出口也是当年矿工们进出矿洞的连接口，体能好的参观者可以尝试沿着这条通道离开矿井。我和大部分同学决定体验一把当年的“矿工之路”，便开始沿着阶梯向上爬。这确实不是一条轻松的路：它并不长，但狭窄、陡峭、幽暗、潮湿，要是没有两边的扶手，我甚至怀疑自己能否安全地通过这条通道到达地面。而两百多年以前，矿工们还需要背负石料矿渣等重物日复一日穿梭在这狭小的空间中；他们在矿井中不分昼夜地辛勤劳作，只靠微弱的烛火驱赶黑暗，祈盼能够早些重见阳光。长时间井下作业蚕食着矿工们的身心健康，但即便如此，相对可观的工资依旧吸引着一代又一代的劳动者义无反顾地投身于辛苦而危险的采矿工作。

走出矿洞后，我们在出口处集合，开始下山，此次多劳科西金矿探访之旅也已进入尾声。短短两个小时的游览，给我留下了深深的记忆。这是我与威尔士最亲近的一段时光；虽山不言而木无声，但其厚重与秀美却是如此清晰，久久地回荡在心间。

4. 后记

如果没有这次近距离接触多劳科西金矿遗址的机会，我可能很难直观地感受到人类那强烈的、无法抑制的对黄金的渴望。为了那一抹闪耀迷人的光泽，不论是古代君王还是现代矿主，都通过不断更新技术、投入巨大的人力财力等方法大肆开矿，满心期待可以获得更多自然的馈赠。那遍布山林的渡槽和水池，无一不彰显出罗马帝国采金事业的如火如荼与工程技术的精湛绝伦；如今变成游客接待处的露天矿场，也在无言地诉说着几经波折的工业化岁月。矿产资源对国家发展的重要性不言而喻，它使不列颠遭遇了罗马帝国的入侵，也让无数矿井工人冒着生命危险与时间和运气博弈。如今，多劳科西金矿遗址承载了考古、科研、教学、科学普及、文化保护等诸多功能，是威尔士重要的文物保护对象之一。两千年的时光过去了，不管是采矿工作热火朝天还是来往游人如织，历经风雨的多劳科西金矿仍旧只是依山傍水地立在村庄一隅，静默地看这尘世沧海变桑田。

（特别感谢托特林老师的照片分享、贝丝女士生动而全面的讲解以及多劳科西金矿遗址公园工作人员们的无私帮助。）

参考文献

维特鲁威著．陈平译．建筑十书．北京：北京大学出版社，2011.

Arblaster，K. *Dolaucothi Estate and Gold Mines*. London: Park Land Press，2018.

Boon，G. C. and Williams，C. "The Dolaucothi Drainage Wheel"．*The Journal of Roman Studies*，1966(56)，parts 1 and 2：pp. 122–127.

Bumbam，B. and Bumham，H. *Dolaucothi-Pumsaint*. Oxford: Oxbow Books，2004.

Pliny de Elder. *Natural History*，vol. XI: Books 33–35，trans. by Rackham，H. Cambridge，MA and London: Loeb Classical Library；Harvard University Press，1952.

Vitruvius. *On Architecture*, vol. II: Books 6–10, ed. and trans. by Granger，F. Cambridge，MA and London: Loeb Classical Library；Harvard University Press，1934.

生活世界

母亲的乡土

姜 虹 姜国秀

在人类知识的历史书写中，女性的缺席似乎理所当然。事实上，就自然知识而言，从原始社会女性的采集活动，到农业社会女性的种植、养殖活动；从上层阶级女主人参与家宅园林的设计与管理，闺中女眷的踏春斗草、折枝插花等娱乐活动，以及名媛女画家擅画花鸟鸣虫等，到下层女性——女仆、农妇、女巫、产婆等掌握的食物、种植和本草学等知识；从养蚕缫丝、纺线织布等手工业，到闺房刺绣、剪纸、缝纫等女红，女性的生活世界一直与自然世界有紧密互动，她们从实践中积累了丰富的自然知识，尤其是与自身生活密切相关的地方性默会知识。

这是我在论文《女子益智游戏“斗草”中的植物名字与博物学文化》里的话，历史如此，现实亦是如此。我的母亲出生在新中国成立初期，她几乎一辈子都坚守在那个叫姜家湾的村子，离不开那片土地，乡土诠释着她的生命。她对自然、对土地的依恋不是久居城市后偶尔逃离到乡间、追寻田园牧歌的诗情画意，而是在漫长的岁月里与它们建立的不可分离的联结。在这种联结里，有实实在在的生存和生活技能、个人经验和默会知识，也有潜藏于心的浪漫情怀。所有这些并没有用白纸黑字记录下来，甚至没有用言语表达出来，却代表着乡土社会里通过言传身教和亲身体验等方式传承下来的地方性知识、民间智慧和文化习俗。

母亲几乎不用家里的洗衣机，依然喜欢清晨到池塘里洗衣服

笋壳：看不见的烟火、千层底和粽子

竹子是南方乡村生活必不可少之物：背篓、箩筐、厨房用具、爬藤作物的支架、篱笆墙……常常少不了竹子的身影。小时候的集市上也有一个专门的角落，供竹编手艺人售卖他们的产品。对于母亲来说，竹子的一个副产品——笋壳（书面语叫“竹箨”），对她更有特别的意义。家乡最常见的慈竹（*Neosinocalamus affinis*）笋壳长满棕褐色的刺毛，笋壳包裹着竹笋，在竹笋长大的过程中会自动脱落。

母亲和笋壳的第一个故事是“饥饿”。她出生在20世纪50年代初，经历过三年“自然灾害”和“集体合作社”，饥饿是刻骨铭心的人生记忆。总是无法吃饱的童年，好不容易弄到点吃的，在自家开火烹饪却是禁忌，怎么办呢？笋壳此时便显示出其他柴火没有的独特优势：干燥的笋壳易燃，是极好的引火材料，最关键的是它在燃烧时几乎看不到烟雾。这对于饥饿的人来讲无疑是一大福音，母亲和小伙伴们捡了不少笋壳当柴火。一家老小围坐在灶膛边，靠着燃烧笋壳偷偷煮一点简单的吃食，对饥肠辘辘的孩子们来说可是不小的诱惑。

到了我们小时候，母亲也会让我们去竹林捡笋壳回来，一部分作为引火之用，而完整、干净又比较大的笋壳则

慈竹是本地最多的竹子，竹林越来越小，也没人会把笋壳捡回家

苎麻（*Boehmeria nivea*），包粽子时捆绑的麻绳和纳鞋底的麻绳都用苎麻的纤维搓成

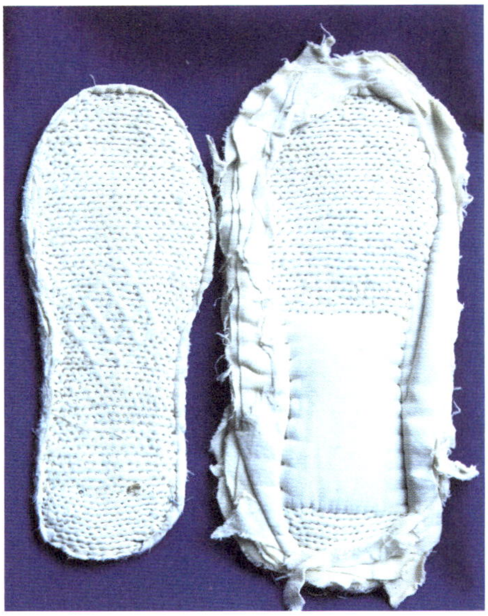

没有纳完的鞋底，母亲好些年前的半成品，非常紧实，没有纳的部分还能透过层层棉布感觉到中间的笋壳

有另一个用途——做布鞋。母亲让我们把笋壳上的刺毛用稻草擦掉，一张张叠好，小心翼翼收起来。到了农闲时期，她就为全家人纳千层底做布鞋。母亲的千层底布鞋伴随着我们的童年直到初中毕业，上高中后才开始穿得少一些。现在看来，小时候的布鞋真是物尽其用，破旧衣物和大自然的馈赠——笋壳、麻绳，在母亲灵巧的手里变成精致实用的千层底布鞋。笋壳在使用前还需要捏着两头，在木凳边上刮几下，让其更有韧性，不容易破裂或折断；然后将笋壳夹在层层平铺的碎布中间，一是为了支撑

寿竹的竹笋

用寿竹笋的笋壳当粽叶包成的粽子

鞋底使其定型，二是为了纳鞋底的时候更容易引线。纳鞋底是巧活也是力气活，很费时间和精力，为了满足一家人每年的穿鞋需求，做鞋子基本上成了母亲农闲时的主业。多年以后，我们都不在姜家湾生活，母亲为小外甥做了最后一双布鞋后就没有再做。当我再次想起千层底布鞋时，家里已经找不出一双完整的鞋子来，只翻出来一双没有纳完的鞋底。说起布鞋，母亲为自己曾经的手艺颇为得意，又有些遗憾："眼睛不好使了，力气也不够了，顶针都不知道哪里去了，哪里还打（纳）得了鞋底？而且做出来你们也不会穿了。"看看鞋柜里各种球鞋、登山鞋、皮鞋、凉鞋、帆布鞋……现代科技为不同场合设计的一双双漂亮鞋子，"成功"地将千层底布鞋赶出了我们的生活。如果母亲现在还能做鞋子，我还会穿吗？估计不会，只会当成童年的纪念收藏起来，而母亲和父亲肯定还会穿在脚上，并夸赞它。

母亲和笋壳的另一个故事是粽子。和市场上卖的大部分粽子不同，老家的粽子一直是用刚竹属的寿竹（*Phyllostachys bambusoides*）笋壳包的。寿竹笋壳较长，表面长着斑点，本地也称为斑竹，笋壳在晾干后会卷起来。每年临近端午时节，集市上就会有小捆的笋壳卖。我家附近的竹林并没有这种竹子，所以每年都只能去买。母亲把买来的笋壳用水泡着，到使用时要仔细擦洗每一张。包的时候把笋壳展开，从底端开始，卷成漏斗状，装入泡过的糯米，再将长长的笋壳折过来盖上，用麻绳绑紧，最后呈长锥形，与通常见到的粽子形状差别较大。包粽子看起来很容易，父亲和母亲两边的大家族里却一直都只有母亲一个人会，每年端午的时候母亲都需要包好多的粽子。母亲的粽子还有个很特别的地方是用料，糯米一直是自家种的一种麻糯[1]，糯米里只放青花椒作为佐料，而且必须放。记得我刚搬家的那个端午节，父母带着糯米和粽叶准备来我这里包粽子，但父亲忘记把摘好的青花椒带来，他有些不知所措，母亲也不停地责怪。幸好最后在超市买到了，虽然比不上自己摘的野花椒，也总算是万事俱备了。糯香、花椒的清香和麻味儿就是我们记忆里的粽子味道，听起来不可思议，但对母亲来说市面上种类繁多的粽子才真是有些奇怪。

石磨豆花

家里有一个石磨，从我有记忆起就

[1] 一种产量很低的本地糯米，不能施肥，因为很容易营养过剩而不结实，产量很低，只有普通稻谷的一半。

石磨内部结构，磨心是金属

有，大部分邻居家也有。随着大家富起来，房子翻修，留下的石磨越来越少，但母亲坚决反对把石磨丢掉。冬天的汤圆，夏季的玉米粑，中秋节蘸糍粑的黄豆粉，炸鱼炸肉用的大米粉，腌咸菜、做油辣椒和豆瓣用的辣椒粉，以及大家一直热爱的豆花，都是推磨子磨出来的。石磨豆花是垫江县的招牌小吃，但现在已经鲜有人用石磨磨豆子了。磨槽是整块大石头凿出来的，石磨上的每道纹路都是父亲当年用錾子、手锤一下一下敲出来的。家里没买打米机之前，石磨用得很多，父亲每年会把石磨里面都凿一遍，增加摩擦。把手是丁字形的两根圆木棒，两端用绳子绑住挂在屋梁上，可以一个人也可以两个人一起推磨。还是小小孩的时候，我会在姐姐和堂姐们磨面时坐在上面，石磨转起来，我也在上面摇摇晃晃，乐不可支。

母亲用石磨的时候特别多，即便家里有了搅拌机和打米机，她用得最多的还是石磨。尤其是在炎热的夏天，中午前后的时间比较多，她会时不时磨点豆子啥的。母亲是个急性子，磨东西时却特别有耐心，生怕一下加多了豆子磨得太粗。石磨豆花一直是家里的传统美食，因为做起来比较麻烦，通常在一家人团聚或逢年过节时才会做。泡过的豆子进了石磨后变成雪白的豆浆流出来，才完成了第一道工序。然后是过滤，把石磨把手上的绳子解开，绑上十字形木头滤架，一张宽大的方形棉布四角系在滤架上，简单实用的过滤装置就准备好了。很奇怪的是，母亲做了几十年豆腐，却一直不会摇滤架，所以通常都是父亲来完成这个环节，剩下的才是母亲的活儿。大铁锅足够装几桶豆浆，刚下锅的豆浆有大量白色泡沫，在煮的过程中也很容易溢出锅。母亲会在锅里放一双筷子，这样更容易察觉豆浆是否快烧开了，因为豆浆烧开时泡沫会大量扑出来，筷子一旦动得快起来，就表示要及时熄灭灶膛的柴火。烧开的豆浆先盛一些出来喝，剩下的就点豆腐了。

点豆腐很有仪式感。我们围观的时候母亲总是要求大家安静，不准吵吵闹

石磨豆花制作过程（从左往右，从上至下）：磨豆子、过滤、点豆腐、活豆花、多余的豆腐用滤布包好挤掉水分后存放

闹，不准问这问那，就好像大年初一不可以乱说话，都是严肃的事儿。豆腐是否点得成功，不仅可以看出点豆腐的人的经验和手艺，还有着占卜和预言的意义。我从来没见过母亲失败，但据家里的说法，一个舅舅在早年相亲时，豆腐怎么都出不来，擅长点豆腐的母亲和三姨各试了一次都以失败告终。大家就预言那次相亲注定会失败，结果也如此。因此，在大家看来，点豆腐这件事严肃而神圣，唠叨的母亲在点豆腐时话都变少了。她拿着长勺在大锅里转圈，稀释后的卤水[1]慢慢混入豆浆里，豆浆随着豆腐成形慢慢变得清澈。手法和卤水的浓度、总量影响豆腐的口感和总量，母亲会在她觉得合适的时候停止加卤水，如果卤水不够豆腐会太嫩，没有韧性，卤水太多则豆腐太老，对“合适”程度的把握完全靠多年的经验。点好豆腐后放入筲箕，把多余的水舀出来，豆腐就可以吃了。刚做好的豆腐被称为“活豆花”，如果人比较多就可以直接盛出来

[1] 当地俗称“胆巴水”，用卤块溶解而成，做豆腐时充当蛋白质凝固剂。

吃了，人少吃不完的话母亲会先拿一部分压成一块一块的豆腐，浸泡在甘甜的井水里，如果每天换水可以存放好几天。活豆花是全家人都喜欢的食物，最经典的豆花佐料则是秋天刚从地里采的青椒，用炭火烤熟、舂碎，加入花椒、大蒜等。做豆腐的这天，除了活豆花还有新鲜的豆浆和用豆浆煮的粥，都是大家的最爱。豆腐渣在饥荒时期也被当成食物，现在则用来喂鸡鸭或者和点完豆腐的汤水一起发酵做肥料。

石磨豆花的仪式感还在于一家人的团圆。除了过年做豆干，父母平时很少做豆腐，通常是我们放假回家时才做，这也是母亲最乐意施展自己手艺的时候。我们在城里也会经常吃豆腐，却难以找到喜欢的豆腐滋味，除了传统手艺和原生态的大豆、井水、佐料等农家食材，也因为家的味道吧。

柴的记忆

在我们出生前，母亲的生活里一直缺柴，有时缺到无法开火的地步。饥饿让人们巴不得开垦每一寸土地，一切作物秸秆都当柴火，依然远远不够，捡柴割柴成了生活里最重要的事。缺柴的那些辛酸故事都是母亲讲给我们听的，割柴捡柴却是我们和母亲共同的记忆。我们小时候不再吃不饱饭开不起火，但依然需要去割柴：荆条、各种蒿、马桑、茅草、火爆草（因为燃烧起来噼啪作响），甚至树根，都是常见的柴火，收割后捆起来背回家，在石坝上晒干。每家每户还有一小片青冈林，在冬季落叶时，母亲带着我们把枯枝落叶和林下的草本灌木一并收割回家，就可以燃烧一些时日。林子因此变得很干净，来年春天时再繁茂起来，年复一年。现在早已不需要割柴，大部分秸秆也烂在地里或就地焚烧作肥料，母亲依然会顺手捡一些枯枝回家，连小外甥看到路边干枯的荆条都会学着拖回家。除了电饭煲代替了锑锅[1]和蒸子[2]，做其他烹饪母亲依然习惯用柴火，电磁炉、煤气灶、煤球炉在家里都只是短暂出现过，柴火炖的肉、炒的菜对她来说总是更好。炎炎夏日里，烧火做饭格外烤人，母亲也坚持用柴火灶。可能是缺柴的记忆太深刻，母亲看到变成荒野的田地时，有些可惜那些耕地，同时也会因为柴而有些满足，“现在到处都是柴，哪里烧得完呢”。捡柴也成了大年初一的一项习俗，大家出门都要捡点树枝回来。初一捡柴寓意着新一年“广进财（和柴谐音）源”，和禁止往

[1] 锑（tī）锅，重庆话，即铝锅。
[2] 传统用来蒸饭的器具。

玉米已经收获，玉米秆会被铲掉，就地焚烧当肥料，不再被当成柴火回收

外倒水、扫地、借钱借东西等道理类似，只进不出。

稻草，俗称干谷草，是最重要的一种柴火。按母亲的话说，干谷草一点都不“熬灶”，因为它一进灶膛，很快就燃成灰烬，比不得木块、豆秆、玉米棒等，火可以很大还能燃烧得比较久，不需要一直守着灶膛。稻草有时候却是其他柴火无法替代的，例如炸酥肉、小鱼、油团儿，或者焖饭时需要小火，又无需像熬汤那样很久，母亲就会只用稻草。她

稻草在秋收后会被这样捆起来，然后像裙摆一样打开，立在田地里晒干后存放起来

把稻草缠成紧紧的一小把，让它慢慢燃，非常容易控制火候。有时候即便不需要小火，母亲也会专门用稻草来烧草木灰，这是豆类作物最好的有机肥。种豆时在土窝子里撒上草木灰，就是全部的肥料了。草木灰也可以防止虫害，母亲经常在南瓜、黄瓜和丝瓜等叶子上撒一些防虫害。稻草作为柴火有个特别的用途，家里杀鸡鸭时，一定要在毛拔干净后、开肠破肚前，点燃稻草用明火烤烤，这样既可以烧掉残留的毛头，也可以让肉更香一些。母亲对于稻草的喜爱还因为稻草的另一个用途：铺床。在家里所有的床上都换床垫之前，早年的床都是父母请木工到家里来做的，床板上铺着厚厚的稻草，再铺上棉絮或凉席。每年秋收后，会换上新鲜的稻草，其他时间也会换一两次以保证舒适。父母在刚结婚分家单过时，特别缺柴火，母亲想起那段日子总会说："唉唉，铺床的干谷草都当柴烧完了。"现在已经不需要用稻草铺床，稻草的其他用途基本都还保留着，所以母亲总是坚持让父亲每年从稻田里收一些回来存着。

和柴火不可分离的自然是灶膛，那是乡间生活最重要的一处场所，关于灶膛的记忆总是温暖而美好。童年时我们对灶膛充满期待，柴火燃起来，意味着很快就可以吃饭了，更意味着有炭火烤出来的玉米、土豆、红薯、糍粑、螃蟹等各种美食。母亲说灶膛的灰是干净的，所以我们通常随便拍拍上面沾的灰就开吃了。冬天的时候一家人一起坐在灶膛旁，聊着天，等着饭菜做好，想来总觉得温馨。上学刚住校那会儿，我们老生冻疮，周末回家的时候，母亲会把白萝卜扔进灶膛烤烤后让我们热敷，回学校时冻疮总会好不少。过年祭祖时也会一并祭灶神，除夕夜把大锅小锅洗干净盖好，在灶台上放半个萝卜，插上一炷香，灶膛边烧点纸钱，这一年才算过完了。长大后我们放假回家，也会在做饭时坐在灶膛边上，聊家常，母亲依然会烤一些东西给我们解馋。

乡土的变迁：荒野、转基因和紫茎泽兰

母亲一生经历过三年"自然灾害"、"集体合作社"、"大炼钢铁"、"文化大革命"、改革开放和土地分配、进城务工浪潮等大事件，见证着乡土在这些历史事件中的变迁。从母亲小时候的记忆到我小时候的记忆里，村民们总是勤劳地开垦每一寸能耕种的土地。母亲以前从未想过大家会丢弃土地，但不知道什么时候起，村子变空了，年轻人都不见了，连老年人也没几位了。姜家湾

“渣石缝”。这个山崖跟着我们村子叫姜家崖（ái'er），那个巨大的石缝是小时候和小伙伴很喜欢的地方。石缝只有半米宽，上面的平台高 1 米左右，可以顺着石缝两边和最里面的石壁攀上去。现在这里全部被藤蔓灌木覆盖，完全没法上去了

“沟里”。这个峡谷里的梯田已经荒废多年，到梯田的小路也早被埋没了

的弃耕并非个案，只是这里的弃耕现象尤为严重，野草肆虐，掩埋了大片的耕地和乡间小路，甚至吞噬了久不居住的房屋，时常会听见母亲感叹去哪哪哪的路都没了。老人们还在种地，但能种的土地毕竟有限，也不像以前那么精细，稻草和玉米秆不再被收回去当柴火，稻田埂不再除草或种上豆类植物，水稻收割后也不再种上冬小麦，一年里只种水稻。鸟儿多到让老人们大伤脑筋，种下的蔬菜粮食还不等发芽就被它们吃掉，经常需要补种；玉米和水稻成熟时经常被鸟、老鼠等各种动物抢先吃个够；樱桃、葡萄还没成熟也被啄光了。当环保运动还在呼吁荒野保护，文学家们也在歌颂荒野时，故乡大面积的荒野化和空荡荡的村子，让人感受到的不是野性之美与寂静，更多的是落寞的凄凉。在母亲的意识里，地是拿来种的，房子是用来住的，那些荒了多年的地想重新种起来很困难了，多年没人住的房子里一切都在朽化。她有时候会问我们，难道老家都不要了吗？农村怎么办呢？她和父亲在城里的那几年，我不知道怎么回答她，现在看着她开心地在老家生活，可以笑着对她说："要啊，你和爸爸把家里弄得这么好！"

对于吃，母亲一直特别嫌弃我在城

邻居家一栋栋大房子，常年大门紧闭

苋科喜旱莲子草（*Alternanthera philoxeroides*，也称空心莲子草或革命草，曾作为饲料引入，后成为危害很大的入侵植物。老百姓用“革命草”来形容其极为旺盛的生命力，它可以在水里、沼泽、旱地各种生境繁殖生长，被截断的茎叶也可以生根发芽）

菊科破坏草，即紫茎泽兰

里吃的食品，饭馆里的也好，外卖也罢，再或者超市里包装精美的食材，贵倒是其次，关键是很少有真正健康的食品。她亲眼见到刚摘下来的橙子被喷上药水再装车运走，榨菜和南瓜被喷了膨大剂后都长得特别大，菜贩子们用药水洗土豆和其他带泥的蔬菜，市场上到处都有假冒的土鸡蛋，等等。她和父亲总是很容易吃出市售的鸡蛋和肉类与自家产的东西之间的差异，连萝卜白菜也能区分出来，让我有些匪夷所思。所以每次回家，他们总是巴不得我像搬家一样，多拿些吃的，最好吃到下次回家才好。在“转基因”成为热词的今天，母亲也从电视上知道了这个词，虽然她并不理解转基因意味着什么（其实又有多少人真正弄得清转基因的事呢？！），她好奇地问：虫都不吃的东西，人怎么能吃？那是什么怪物？

母亲眼里的怪物还有一个——紫茎泽兰（*Eupatorium adenophora*），英文版《中国植物志》*FOC* 称“破坏草”（*Ageratina adenophora*）。前几年老家开始出现了紫茎泽兰，父母亲以前都从未见过这种杂草，它们好像突然就空降于此，而且泛滥成灾。很快他们就发现这种杂草相当顽固，比“革命草”有过之无不及。我有一次和母亲去地里，她抓起一把拔起来的紫茎泽兰，摇摇头说：“也不知道哪里来的怪物，一下就长满

在紫苏地边上种点南瓜

在一片橙子林里，小外甥带路找到一片野韭菜基地

整块地，拔也拔不干净，最恼火的是种子很多，根也很多，看着好像是没了，第二年又长满了。”母亲不喜欢用除草剂，常常觉得它的毒性太大：“杂草那么顽强，都能被毒死，喷在地里，人吃了不会有毒吗？”所以母亲有很多时间都在除杂草，紫茎泽兰这样的顽固分子让她真是有些无奈。

结语：乡土的坚守者

母亲那一代的老人都在自己的乡土生活了大半辈子，大部分年老的邻居都成了“老漂族”：他们或远走他乡去帮孩子们带孩子，或因为生活不能自理跟着孩子进城生活，或因为孩子在镇上、县城或大都市买了公寓房，不再住老家的房子。父亲曾经和大部分人一样，觉得应该进城和我们生活，一家人就应该住在一起。住了好几年，母亲都无法适应城市的生活，心情和身体都变得糟糕，待小外甥上幼儿园后她义无反顾要回老家，父亲只好和她一起回去，重新开始种粮食和蔬菜，养起了鸡鸭。他们选择成了“留守老人”，姐姐一家时常回家看他们，每次总是满载而归，带回父母收获的有机粮食、蔬菜、水果、鸡鸭蛋。城里长大的小外甥从小也跟着父母经常回到乡间，听到母鸡咯咯叫就跑去捡热乎乎的鸡蛋，天黑和外公一起赶鸭子回家，在清澈的池塘里游泳，熟悉所有的蔬菜瓜果，也知道燕子喜欢在哪家屋檐下建泥巢，麻雀又跑到哪家的瓦楞里下蛋。我们是乡间“探险”的好伙伴，一起去采摘野菜和水果，观察盛开的野花、飞舞的鸟儿和蝴蝶，到池塘边看小蝌蚪，抓小龙虾，寻声去找青蛙和蟾蜍，每次回来他总会兴高采烈地说：“啊呀，

四月初油菜花末期的乡间清晨

家乡的部分植物（从左往右，从上至下）：香椿（*Toona sinensis*）、通泉草（*Mazus japonicus*）、七星莲（*Viola diffusa*）、蝴蝶花（*Iris japonica*）、小花宽瓣黄堇（*Corydalis giraldii*）、兰考泡桐（*Paulownia elongata*）、油桐（*Vernicia fordii*）

我们走遍了千山万水。”很显然，城市儿童容易患的流行病“自然缺失症”在他身上是不大可能发生了。父亲不再像住城里时每天除了接送外孙就是看电视和打麻将，而是农闲时去钓鱼，修理家什，尝试着种以前没种过的东西，如荷花、甘蔗、葡萄等。母亲的好强和急性子总让我们担心他们种得太多，身体受不了，尤其是每次回家见他们忙里忙外，更是担心。当我希望遵从自己的内心去生活，而且每次回家都看到母亲精神饱满地穿梭在她的乡土上时，我慢慢开始理解母亲对那片土地的眷恋和坚守，也不再试图劝说她。“面朝黄土背朝天”的劳作，非常辛苦，父母身体又远不如年轻时，忙忙碌碌的乡间生活并无诗情画意。加上大部分时间我们都不在身边，他们也和其他留守老人一样，会孤独、担忧和牵挂。但无论乡土如何变化，母亲的生命都和它相连，那里有她想要的生活。她执着地坚守着那片乡土，不仅守护着自己的归宿感、安全感和成就感，也为我们守护着那个叫“故乡”的地方。

（感谢霍香结《地方性知识》和龙应台《天长地久：给美君的信》给予我的启发，让我以这样的方式去更多地理解母亲，也让我们姊妹俩首次一起构想和完成这篇文稿。祝愿父亲母亲健康。）

生活世界

地方风情两篇

田震琼

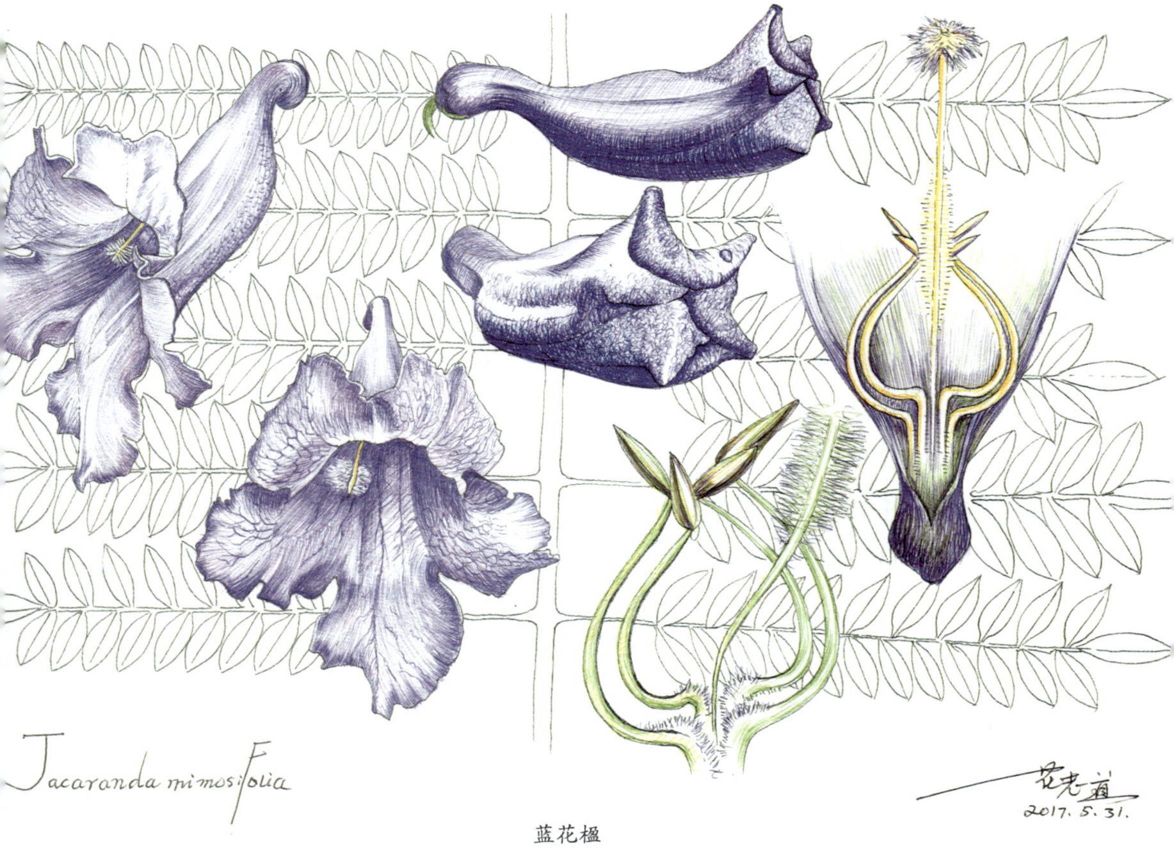

蓝花楹

蓝花楹

五月的一天，在路上远远地看见一团团的蓝紫色，到了树下才发现是一种很漂亮的花。后来查阅资料才知道是一种紫葳科植物：蓝花楹（*Jacaranda mimosifolia*），在云南很多地方的路边都可以看到。蓝色楹也是一种园林植物，但花期并不长。到了盛花期，树下就会掉落很多花朵，树下地上都有一抹蓝。它的种子很特别，成熟的果实褐色，木质很坚硬。等果实裂开，里面无数个带薄翼的种子会飞出来。我每天都能看到它，但感觉还是不能真正地了解。于是捡回几朵没开的、刚开的花和叶子，为了把花的形态绘制清楚，选择了四个角度。撕开花瓣后发现它的花蕊很有特点，所以放大绘制。它的叶子小而且密，基本是均匀地互生，所以我没有按惯例去表现叶子，而是选择了平铺的方式，这样能直观地看清叶子的形状和排列；用黑色线条来衬托前面的花。蓝紫色的花是用圆珠笔完成的，刚好有两个比较接近的颜色：蓝紫和紫红，交替应用就出现了这个效果。

鲜花饼

如今人们无所不吃，想得到的和想不到的都会到碗里来。吃已然变成了一种文化，饮食文化博大精深，本人就不班门弄斧了。只是作为一个东北人，这几年在云南大理印象非常深刻的有几种跟植物相关的云南白族特色饮食，其中最好玩的应该是“吃花”。

由于这几年画植物，所以对少数民族喜欢吃什么野菜比较感兴趣，我自己现在吃过的就有很多种。比如海菜花、芋头花、白花羊蹄甲、肺衣等，都是当地的家常菜。唯独鲜花饼不太像家常菜，貌似也不是家家都会做，而且鲜花饼的历史也不算长，但在大理卖得最好。网络上关于鲜花饼的传说不知道靠不靠谱，制作方法也多样，但基本程序还是相同的。本文无意教读者如何制作鲜花饼，而旨在记录勤劳智慧的人们发明的具有本地鲜明特色的食品和制作过程。而且这些花那么美！（后续还请期待更多的云南少数民族饮食的手绘美图）

鲜花饼 1

鲜花饼 2